JN085083

エバンジェリストの
教科書

The textbook of the Evangelist

Motoaki Nishiwaki
西脇資哲

C&R研究所

● 本書の内容についてのお問い合わせについて

　この度はC&R研究所の書籍をお買いあげいただきましてありがとうございます。本書の内容に関するお問い合わせは、「書名」「該当するページ番号」「返信先」を必ず明記の上、C&R研究所のホームページ(https://www.c-r.com/)の右上の「お問い合わせ」をクリックし、専用フォームからお送りいただくか、FAXまたは郵送で次の宛先までお送りください。お電話でのお問い合わせや本書の内容とは直接的に関係のない事柄に関するご質問にはお答えできませんので、あらかじめご了承ください。

〒950-3122 新潟県新潟市北区西名目所4083-6　株式会社 C&R研究所　編集部
FAX 025-258-2801
『エバンジェリストの教科書』サポート係

みなさんは「エバンジェリスト」という言葉を知っているだろうか?

エバンジェリストとは、「プレゼンテーションやデモンストレーションで魅力や価値、思いを伝える仕事」だ。

エバンジェリストは今や職業・肩書きのひとつであり、「伝える力」はビジネススキルのひとつである。「伝える力」があれば、大人数の前での講演やセミナー、プレゼンはもちろん、少人数の企画会議や上司へのプレゼン、顧客への営業、広報活動など、あらゆるところで役に立つ。「伝える力」がある人は、コミュニケーション能力も高い。

人は、1人では生きていけない。だから、生まれた瞬間から「伝えること」をがんばる人生がはじまる。赤ちゃんはオギャーと泣いてミルクやおむつ交換してほしいと親に伝えるし、家族や友人とのコミュニケーションにも、学校や習い事などのコミュニティーでも、「伝える力」は欠かせない。

就活では自分の想いや将来のビジョンを語り、自己アピールをする。会社に入れば、社内外の人とのコミュニケーションやプレゼン力が必要だし、起業した人は自社のPRに加えて、応援や資金を集めるのにも「伝える力」が必要だ。

さらに、好きな人に想いを伝え、自分の魅力をアピールするときにも必要だ。プロポーズのときには、自分がどれだけ相手を幸せにできるかを伝えなければならない。結婚生活を円満に続けるためにも、友達や仕事仲間との人間関係にも、人生のさまざまな場面で「伝える力」が必要になる。

人生はプレゼンテーションの連続だ!

「伝える力」は才能ではなく、技術である。生まれながら、伝える能力に長けている人は確かにいるが、苦手な人でも、努力すれば必ず上達するから技術なのだ。そのノウハウやちょっとしたコツを、わかりやすく解説したのがこの「エバンジェリストの教科書」である。IT系の人も、ITが苦手な人も、学生も、社会人も、すべての人に役に立つ、すぐに使えるテクニックが満載で、今急務とされるテレワークやオンラインプレゼンのポイントも詳しく書いた。少しの工夫で上手くいくなら、実践しないのはもったいない。

私がこの本を書いた理由は、1人でも多くの人に「伝える力」の魅力を伝えたいからだ。「伝える力」を磨いて、夢を叶え、より豊かな人生を歩いてほしい。

本書がその道しるべになれば、こんなにうれしいことはない。

2020年12月　西脇資哲

CONTENTS

CONTENTS

■CHAPTER 6

エバンジェリストに必要なスキル ③伝える技術

■CHAPTER 7

オンラインでのプレゼンに有効なテクニック

CONTENTS

■CHAPTER 8

エバンジェリスト・西脇資哲の仕事、すべて見せます！

CHAPTER 1

なぜ今、エバンジェリストが
必要とされているのか?

エバンジェリストとは？

　エバンジェリスト（evangelist）は、もともと「キリスト教の伝道者」という意味で使われていた言葉。現在は「製品などの啓発・宣伝を行う人」と定義されている。宗教において、価値や魅力を正しく伝え、広めること（＝布教活動）はとても重要な仕事だ。とくにマスメディアもインターネットも発達していなかった時代には、エバンジェリストの役割がとても大きかったのだろう。

　そんな中で生まれたエバンジェリストという言葉が、1980年代頃から欧米の経済活動の中で使われるようになり、IT系を中心に広がっていった。日本で知られるようになったのは、もっとずっと後の、2000年代に入ってからだ。

　それから20年、エバンジェリストは今や、IT系だけにとどまらず、あらゆる業種に広がり、エバンジェリストを職業として活躍する人もかなり増えた。つまり、エバンジェリストを私なりの解釈でもっとわかりやすく表現するなら、「プレゼンテーションやデモンストレーションで魅力や価値、思いを伝える仕事」だ。

　そして、この伝えるという仕事は、営業職や広報、経営者だけでなく、すべての人に必要な社会人としての基本スキルである。

📖 なぜ今、伝えるスキルが必要なのか？

　人間はコミュニケーションを大事にする生き物である。身ぶり、手ぶり、顔の表情、声、言葉を使って、相手に自分の思いを伝え、それを受け取った相手

の表情や言葉からも思いを受け取ることができる。たとえば、何かを伝えたときに相手が笑顔になったら、「よろこんでくれた」、「受け入れてくれた」と感じることができるし、言葉やジェスチャーではっきりと返答されることもある。これらのコミュニケーションは鳥や昆虫にはない人間特有の能力であり、人間と動物との決定的なちがいである。

　この人間特有のコミュニケーション能力は、今も、昔も、まったく変わっていない。そして、これから先、どんなにテクノロジーが発達しても、変わらないだろう。テレワーク時代になっても、宇宙にいる人と会話する時代がきても、伝える手段が多様化しても、伝え合うという本質の部分はずっと変わらないのだ。

　つまり、「伝えること」は、人間の基本的な能力である。

　では、なぜ今、伝えるスキルがより大切で、必要なのか？

　それは、「モノ」売りから「コト」売りの時代になったことが大きいと思う。かつて「モノづくり日本」と言われ、良いモノをつくれば黙っていても売れるという時代があったが、今はそうではない。テクノロジーのめざましい進化により、良いモノが世の中にあふれている今、技術や製品をつくって普通に売っていても、人の心を動かすことはできない。その新しい技術を使って、どんなことができるのか、何が得られるのか、つまり、ソリューションや体験を伝えることが重要で、そのためには、伝えるスキルが今までよりももっと必要なのだ。

　たとえば、石を売るためには、石がどういうものであるかを説明する必要がある。サイズ、仕様、フォルム、素材、価格などを伝え、必要であれば実物を渡して、触ってもらったりして、石を売る努力をするだろう。

　でも私なら、この石を手に入れたらどんなことができるかを説明する。この石があれば、「水切り」という遊びができる。石による水切りとは何か、楽しさやおもしろさについて熱弁し、さらにテクニックや石の探し方、水切りができる秘密の遊び場の話をしたり、川での楽しみ方、相手を誘いたくなるような話をしたり、水切りの魅力を語り尽くす。

　そうすると、「石ソリューション」が売れる。結果的に「石」も売れる。おそらく、ほかのものも売れるだろう。たとえば、研磨装置や道具、練習場、ユニフォームなど、水切りに関わるあらゆるものが売れていく。いい石があれば勝手に売れる時代ではなく、その石があったらどんな素晴らしい体験ができるのかを伝え、石ソリューションを売ることがビジネスの成否を分ける。今はそういう時代なのだ。

伝えることのスペシャリストが「エバンジェリスト」

　伝えるスキルが必要なもうひとつの理由は、伝える内容や技術がより複雑になったことがあげられる。IT業界でたとえると、AIやIoT、ブロックチェーン、シェアリングエコノミーなど、テクノロジーの進化により、技術が複雑になったことで、それを伝えるためには、より高度な知識と伝えるスキルが必要だ。

　専門的な話をプロ向けに、専門用語を並べて難しく話すのは簡単だが、誰もがわかる言葉で伝え、素人にも魅力を正しく理解してもらうことは、とても難しい。それができる、伝えることのスペシャリストが「エバンジェリスト」だ。

　さらに、伝える場所も増えた。昔ながらの対面営業だけでなく、イベント、セミナー、ショールーム、体験スペース、オンライン、ソーシャルメディアなど、あらゆる場所が起点となり、伝える機会をつくっている。当然のことながら、どんな場所で、誰に対して、何を伝えたいのかによって、伝え方は変わる。それぞれの特徴をとらえ、効果的な伝え方を考えなければ、人の心をつかむことはできないだろう。

　加えて、顧客への伝え方が進化していることにも注目したい。たとえばソーシャルメディアなら、最初は文字だけでつぶやくTwitter（ツイッター）が中心だったが、画像とともに文字を投稿するブログやFacebook（フェイスブック）が話題となり、画像を重視するInstagram（インスタグラム）が登場し、動画投稿を楽しむTikTok（ティックトック）やYouTube（ユーチューブ）が人気となり…動画で楽しさや魅力を表現するメディアが急増した。

　これは企業活動でも同じである。プレゼンテーションやカタログでも伝え方が進化し、PR資料や商品カタログを動画でつくる企業も少なくない。

　昔の動画制作は、プロに何十万円、何百万円を払って依頼する大がかりな仕事だったが、今はスマホや数万円のハンディカメラで簡単に動画が撮影でき、無料アプリで誰でも手軽に編集できるようになった。昔は情報発信ができるのは企業のトップや一部の人たちだけだったが、今はソーシャルメディアやホームページを使って、誰でも情報発信ができる。

　伝え方が進化し、多様化した今、「ただ伝える」のではなく、「上手く伝えること」が重要になってきたのだ。これはIT系に限らず、理系も、文系も、営業職も、研究職も、技術職も…すべての分野、職種に求められるスキルである。

SECTION-03
伝える力があれば、営業スタイルも変わる

デジタル化における企業変革では、ときに製品やサービスを組み合わせた提案や、組織をまたがった提案も必要となる。

それまで1つの部署や、1人の担当者を窓口に仕事をしていたとしたら、今後は部署をまたいで会社規模で関わり、より広い視野で課題を分析し、解決する場面が増えるだろう。そうなると、アプローチのタイミングも、手法も、アプローチ先も変わるのだ。

これまでは、製品やシステムを導入する段階でアプローチする「新製品の提案」がメインだったとしよう。伝える力があれば、より早い段階でアプローチする「課題解決の提案」に変わる。

顧客が今どんな課題を抱えていて、それを解決するために、どんな手法があるのか、より包括的に提案することができれば、競合他社よりも早い段階での売り込みができ、ビジネス上とても有利だ。顧客にとってメリットがある提案ができれば、圧倒的な差別化となり、信頼関係も深まるだろう。

お客様へのアプローチタイミングが変わる

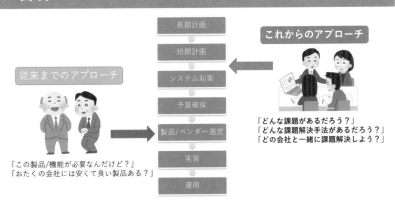

長期計画
短期計画
システム起案
予算確保
製品/ベンダー選定
実装
運用

これからのアプローチ
「どんな課題があるだろう？」
「どんな課題解決手法があるだろう？」
「どの会社と一緒に課題解決しよう？」

従来までのアプローチ
「この製品/機能が必要なんだけど？」
「おたくの会社には安くて良い製品ある？」

　「課題解決の提案」は、アプローチ先も変わる。部署を越えた、より大きな、会社全体の問題であるケースが多く、現場担当者との話から、役員クラスや経営者との話になることもある。

　上層部と直接話ができれば、導入がスムーズに進み、予算もとりやすい。また、信頼を得ることができたら、今後の提案はさらにスムーズに進むだろう。

　広い視野と伝える力があれば、営業スタイルが根本的に変わるのだ。

お客様へのアプローチ先が変わる

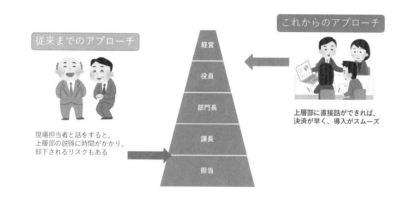

人生なんてプレゼンテーションの連続だ

人生はプレゼンテーションの連続

自分の思いを誰かに伝えること、これはビジネスだけでなく、生まれた瞬間からはじまっている。

実は、伝える能力がいちばん優れているのは赤ちゃんだ。赤ちゃんは顔を真っ赤にしながら力いっぱい泣いて「ミルクがほしい」、「おむつが気持ち悪い」と訴える。それが満たされたとき、今度は満面の笑みで周囲の人たちを笑顔にする。言葉という伝達ツールを持たない赤ちゃんは、全身を使って自分の思いを伝えることができるのだ。

ところが、人は成長とともに言葉を覚え、楽に伝える手段を手に入れると、次第に伝える力が衰えていく。だから大人よりも赤ちゃんや子供たちの方が、身ぶり、手ぶりを使って上手に伝える。子供が「あのおもちゃ、買って!」とねだるのも、親へのプレゼンテーションなのだ。

入試や就活の面接も、自分をアピールするプレゼンテーションだ。好きな人に交際を申し込むのも、プロポーズするのも、いかに自分の魅力と情熱を伝えるかというプレゼンテーションである。

そう考えると、人生はプレゼンテーションの連続だ。自分の思いを上手く伝えて、目指す人生をつかみ取るためにも、プレゼンテーションは上手い方がいいに決まっている。

民族性や文化のちがいも大きいだろう。とくに日本人は感情を表に出さない民族だ。テレビやニュースを見ていればわかると思うが、欧米人のスピーチは身ぶり、手ぶりを使って、表情豊かに伝える。日本人のスピーチよりもはるかに伝わるし、興味を持って聞いてみたいと思う。

それに比べて日本人のスピーチは、棒読みで、棒立ちで、単調で、表情がなく、気持ちが伝わらないことが多い。私たち日本人にとって、「伝える力」は、圧倒的に足りないスキルなのだ。

しかしそれは、裏を返せば、そこには大きな伸びしろがあるとも言える。「伝える力」は、努力すれば必ず上手くなるスキルだ。資質は人それぞれだが、今の自分のスキルよりも必ず上達する。それを心に留めて、この本で基本スキルを学び、伝える力を伸ばしてほしい。

なぜエバンジェリストは
IT系のイメージが強いのか?

エバンジェリストはIT系のプレゼンテーションやプレゼンする人を意味すると思っている人が多いが、実はそうではない。エバンジェリストは伝えることを仕事として、今やあらゆる業界で活躍しているからだ。

なぜIT系のイメージが強いのかというと、エバンジェリストという言葉がビジネスの世界でも使われるようになったきっかけが欧米のIT業界だったということと、日本でそれを広めた私自身がIT系出身ということが大きいだろう。実際、私が「エバンジェリスト養成講座」を開講した2009年当時は、IT系の受講者がとても多かった。日本でもIT系から広がったことは事実である。

それから11年たった今、私のセミナーにはさまざまな業界のエバンジェリストやエバンジェリストを目指す人が来てくれる。

たとえば、野菜のエバンジェリスト、酒のエバンジェリスト、化粧品のエバンジェリスト、絵本のエバンジェリスト、箱根のエバンジェリスト、寺のエバンジェリスト、城のエバンジェリスト・・・。

伝えることが必要な仕事なら、何だっていい。仕事じゃなくて趣味の世界でもいいのだ。伝えることの大切さが広く認知され、浸透していくことは、素直にうれしい。

少し前に「ソムリエ」という言葉が流行し、野菜ソムリエや温泉ソムリエ、星のソムリエ、投資のソムリエ、靴下ソムリエなど、さまざまなソムリエが誕生したことを思い出した人もいるだろう。確かに似ているところはあるが、エバン

ジェリストとソムリエは少しちがう。

　ソムリエはもともとフランスの高級レストランにいるワイン係で、ぶどうの産地やワインの製造方法、年代、料理との相性などに精通していて、ワインを注文する客の相談に乗るエキスパートだ。専門知識と表現力を駆使して、ワインの味や香りを上手く言葉で説明するところはエバンジェリストにも共通している。

　レストランに来店し、自分の意思でワインを注文する客に対して、ワインの説明をするのがソムリエとするなら、エバンジェリストの仕事はもう少し幅広い。ワイン好きの人だけでなく、ワインを飲みたいと思っていない人にもワインの魅力を伝えて、ワインを飲んでみたいと思わせるのがエバンジェリストだ。

　店に来た客に対してだけでなく、道を歩いている人や、隣の店にいる人にもワインの魅力を伝え、そんなに素晴らしい飲み物があるなら飲んでみたい、ワインを飲んでみたいからこのレストランで食事をしようと思わせるのがエバンジェリストだ。

● 「副業」ではなく、「複業」エバンジェリスト

　私は複数の顔を持つ、「複業」のエバンジェリストだ。

　本業はマイクロソフトのエバンジェリストとして、社長のビジョンや企業の魅力を語り、マイクロソフトの製品の価値や技術、ソリューションをプレゼンテーションする専属エバンジェリスト。

　それ以外にも、マイクロソフトに限らず、IT系のテクノロジーや業界全体の発展のためにプレゼンをする、フリーランスのエバンジェリストとしても活動している。もちろんこれは、マイクロソフトにも認められているので、闇営業ではない。私がIT系の話をして、IT業界全体の底上げにつながれば、それはマイクロソフトの利益にもなると、会社も理解しているからだ。

　さらに私は、ドローンのエバンジェリストとしても活動している。

　2012年にドローンと出会い、「これは世界を変える素晴らしいテクノロジーだ」と直感したのがきっかけだった。それからさまざまなメーカー、スペックのドローンを買いまくり、500～600万円は使ったと思う。ドローンを実際に飛ばして、使いこなし、さまざまな角度からとことん研究して、誰よりもドローンに詳しくなった。

2015年に首相官邸にドローンが墜落するという事件が起こると、ドローンが一気に世間から注目を集めるようになる。その頃から、ドローンの専門家としての仕事依頼が殺到し、ドローンに投資したお金はあっという間に回収した。これは目のつけどころがよかったことと、あのタイミングで始めたことが勝因だったと思う。まだ誰もやっていないときに始めたから、スタートダッシュができたのだ。

ドローンはマイクロソフトの仕事には関係ないと思うかもしれないが、これがけっこう本業にもプラスになっている。たとえば、建設関係の会社が橋脚の点検にドローンを使うと、かなりの時間と手間をカットできる。マイクロソフトの顧客にはそういう企業がたくさんあり、ドローンを使ったビジネスソリューションの提案は今後いくらでもできるだろう。

ついでに言うと、御朱印エバンジェリストもやっている。御朱印とは、神社や寺院に参拝した証として、寺社から授け与えられる印影のことだ。実は御朱印を集めるのが好きで、好きが高じて、TBSの「御朱印ジャパン」という番組で御朱印エバンジェリストとして、MCを2クールやらせていただいた。

信念と情熱を持って探求し、伝えることは、必ず何かの役に立つと思う。

COLUMN　日本マイクロソフトのエバンジェリストってどんな仕事?

マイクロソフトはWindowsやサーフェイスからゲームまで、たくさんの製品・サービスを販売している会社だ。それらを買って、使ってもらうために、魅力を伝えるのがエバンジェリストの仕事である。広報や営業の部署もあるが、より顧客目線で伝えるのがエバンジェリストの特徴だ。

日本マイクロソフトには、技術や製品に特化したエバンジェリストはたくさんいるが、会社全体のビジョンや夢、魅力を幅広く伝える「テクニカルソリューションエバンジェリスト」は私1人だ。社長や経営陣の講演に同行し、プレゼンやデモで支え、ときには代弁者となり、コンビネーションで講演を成功させる。会社組織に関係なく、マイクロソフトのすべての魅力とともに、ITの魅力を伝え、広めることが職務である。

また、マイクロソフトは企業や一般向けのイベントもたくさん開催している。そこで登壇し、プレゼンやデモで魅力やメッセージを伝えるという役割も担っている。

エバンジェリストは広報でも、広告塔でも、営業でもない

「エバンジェリストって、広報ですよね?」とよく聞かれる。混同している人も多いと思うが、答えは「ノー」だ。エバンジェリストは広報ではない。

広報は企業イメージをよくするためにある部署だ。広告で企業のブランディングメッセージを伝えたり、プレスリリースで新商品の情報発信したり、事実に基づく確かなことを伝えて、自社のイメージアップをするのが仕事だ。

それに対してエバンジェリストは、企業が持つ技術や思いをもっと細かく、ていねいに伝え、ときには業界全体の話もするし、他社製品との比較もする。使用感や体験など個人の感想を述べたりもする。会社側ではなく、消費者側に立って伝えるという点で、広報とは根本的にちがうのだ。

広告塔もまた、エバンジェリストとはちがう。広告塔の役割は、企業イメージや製品を広告することであり、製品の中身を熟知しているとは限らない。また、企業や製品の良いことは言うが、悪いことは決して言わないし、他社比較もしない。PRに徹して、売上アップを目指すのが広告塔の仕事だ。

私はマイクロソフトのエバンジェリストだけど、マイクロソフトの良いところも、悪いところも言う。他社比較もするし、競合他社の良いところも、悪いところも含めて、ちがいを明確に言う。エバンジェリスト活動のゴールが売上ではないという点でも、広告塔とはちがう。

ついでに言うと、エバンジェリストは営業でもない。製品について細かく、ていねいに語るのは、営業担当者にもできることだ。しかしながら、営業担当者もまた、製品やサービスを売るという目的があり、決まった枠の中で動かなければならないので、エバンジェリストのような自由さはない。売上という数字が求められる点でもちがうだろう。

エバンジェリストの方が優れていると言っているのではない。広報も、広告塔も、営業も、経営者も、それぞれに専門性があり、エバンジェリストとはちがう役割を担っているのだ。しかしながら、最近は企業がTwitterやInstagramで公式アカウントを持ち、大衆に向けて情報発信するケースが増えた。広報担当者が更新していることが多いと思うが、これはエバンジェリストの活動に近い。今後は広報の仕事が少しずつエバンジェリストに近づいていくのかもしれない。

エバンジェリストは
インディペンデントな存在

エバンジェリストは、フリーランスでも、企業という組織に属していても、常にインディペンデントな（独立した）存在であるべきだ。

これはつまり、私がマイクロソフトの製品を紹介するときに、iPhoneやiPadを使ってプレゼンしてもいいということだ。通常は、マイクロソフトのオフィシャルアカウントで、最大のライバルであるアップルのiPhoneを使ったデモの様子を紹介するなんて、あり得ないと思うだろう。でも私は、iPhoneが必要だと思えば、堂々と使ってデモを行う。

なぜなら、ユーザーはマイクロソフトの製品も、アップルの製品も使うからだ。よほどの事情や熱烈なファンでない限り、1つの会社のものしか使わないなんてことはない。いいものがあれば会社に関係なく使うはずだ。現に、マイクロソフトはすでにWord（ワード）やExcel（エクセル）、PowerPoint（パワーポイント）といったビジネスシーンに欠かせないソフトをiPhoneアプリケーションでも多数提供しているし、パソコンはWindows、スマホはiPhoneというユーザーも少なくないだろう。

これはマイクロソフトとアップルに限った話ではなく、ほかの会社でも同じである。今はほとんどのソフトとハードが互換性を持つようにつくられていて（昔はそうでないことも多かった）、他社製品でも組み合わせて使うことができる。消費者が知りたいのは、その無限の可能性であり、それによってどんなに便利な、どんなに素晴らしい体験ができるのか、ということだろう。

企業の立場ではなく、消費者の立場で考え、新しい価値観を提案するのが、エバンジェリストの基本なのだ。

しかし、こうした活動を企業として行うのは難しい部分もあるだろう。だから、エバンジェリストのような、中立的でインディペンデントな存在が必要なのだ。エバンジェリストに理解のある企業は、こうした中立的ポジションからの発言が、結果的に企業にとってプラスになるということを知っている。

私がiPhoneを使ってマイクロソフト製品のデモを実施しても、それでマイクロソフトの魅力が伝われば、デモは成功だ。マイクロソフトもその価値を理解し、きちんと評価してくれている。

エバンジェリストの目標は
必ずしも売上ではない

　エバンジェリストの仕事はプレゼンテーションやデモンストレーションをして、新しい価値観を「伝えること」だ。その結果、自社の製品が売れるということがあっても、最初から売上を目標として動いているわけではない。

　たとえば、砂漠で砂を売るというミッションがあるとしよう。「え?!砂漠で砂なんか売れるの?」、「そんな無謀なことはやめた方がいい」と思うかもしれないが、砂漠で砂を売るべきなのか、勝算はあるのか、決めるのは経営者であり、エバンジェリストではない。

　でももし、経営者が会社として売ると決めたなら、砂漠の顧客に「あの砂がほしい」と思わせるプレゼンをすることがエバンジェリストの役割だ。砂漠で砂を買うことの意義や、なぜ砂を買うべきなのか、買えばどんな素晴らしいことが起こりうるのか、どんな未来が拓けるのか、それを全力でプレゼンする。

　その結果、砂が売れたかどうかは関係ない、というと語弊があるかもしれないが(もちろん、売れた方がいいに決まっている)、結果に責任を持ち、最後のクロージングをするのは営業の仕事であって、エバンジェリストが責任を持つのはそこではない。

　エバンジェリストの最大のミッションは「伝えること」であり、プレゼンの成否は、売れたかどうかではなく、伝わったかどうか、なのだ。プレゼンをするために製品について勉強し、知識を集め、準備し、デモや対話の練習をする…これらすべての努力は、魅力を伝えるためのものである。

　砂漠で砂を買う必要があることが顧客に伝われば、「値段はいくら?」、「いつ届くの?」、「どこに収納しようか?」、「実物が見てみたいんだけど」と、砂を買うことをより具体的に考え、行動するだろう。

　結果、購入に至るかどうかは次のステップとして、魅力が伝わって、相手の心が動いたという点で、エバンジェリストのミッションは成功である。

エバンジェリストは
何を基準に評価されるのか?

エバンジェリストの目標が売上でなければ、一体何を基準に評価されるべきなのか? とくに企業などの組織に所属するエバンジェリストにとって、自分の価値が何らかの基準で評価されなければ、会社に居続けることはできないだろう。

たとえば、営業だったらいくら売り上げたか、何件訪問したか。製造だったら何台つくったか、何ケース出荷したか。広報だったらどんな媒体で何回取り上げられたか、イベントの集客人数は何人だったか‥‥ということである。つまり、給料を決めるための数字がないと会社も困るということだ。

私自身もそうだった。マイクロソフトの樋口社長(当時)に「マイクロソフトの価値や魅力を伝えるエバンジェリストという仕事がやりたい」と直談判したときのこと。「会社にとってエバンジェリストが必要だということは理解できたし、西脇君がその適任者であることはよくわかった。でも、会社は何かしらの評価基準がないと、給料を払えないんだよ」と言われた。私もそれは当然だと思った。

そこで、私はエバンジェリストとしての働きを数字であらわすための3つの指標を考えた。伝えるという仕事の成果を数値化することができれば、結果は誰の目にも明らかであり、自分自身も納得ができるからだ。

指標 ❶ セミナーの数と満足度

私は昨年1年間で、250回を越えるセミナーを行い、2万人を越えるオーディエンス(セミナー参加者やプレゼン相手)に向かって話をした。これも1つの数値だが、その際に、参加した人たちがどれくらい満足してくれたのか、という満足度を1つの指標にしている。

マイクロソフトには、全世界で共通する「NSAT(エヌサット/Net Customer Satisfaction)」という指標がある。これは、セミナーやイベントが行われた後に、参加者のアンケート回答から算出される独自の「満足度指数」を数値化したものだ。私のプレゼンが参加者にどれだけ伝わったか、どれだけ満足したか、といった回答がダイレクトに私自身の評価になる。自慢じゃないが、私はこのNSATで5点満点中4.5点という高い数字をキープしている。

セミナーの回数や参加人数というのは、ある程度まで増えると、それ以上は時間的、物理的に増やすことが難しくなる。オンラインの場合は無制限に人数を増やすことができるが、対面の場合は、会場のキャパシティがあるからだ。だから私の場合は、セミナーの回数や参加人数は一定数を維持しつつ、このNSATによる満足度を高評価でキープし続けることが大切だと思っている。

指標 ❷ 指名率

次に重要なのが、指名率だ。これは、ただ単にプレゼンを依頼されるのではなく、「ぜひ西脇さんから話が聞きたい」、「次も西脇さんでお願いします」と名指しされることである。

一度訪問したクライアントに「また来てください」と言われたり、私のセミナーに参加した人から「ぜひうちの会社でも話してほしい」と頼まれたり、「口コミで聞いたんだけど、来てもらえますか？」とお声がかかったり・・・。私の場合は、この指名率が5割を越えている。5割というのは、かなり高いリピート率と言っていいだろう。言い方は悪いが、可もなく不可もない、欠点もないがとくに印象にも残らないような、いわゆる普通のプレゼンをしていたら、これだけの指名はまずもらえないからだ。

だから私は、これも評価の指標にしている。そして、こうやって指名してもらえることが何よりもうれしく、エバンジェリストをやっていて良かったと実感できることのひとつなのだ。

指標 ❸ エグゼクティブ層へのアプローチ率

エバンジェリストは、多くの人が注目するステージで、華麗にプレゼンをこなす、華やかなイメージがあるかもしれないが、実は、重役室で密かに行われる、エグゼクティブ層向けのプレゼンもたくさん行っている。

エグゼクティブ層とは、社長、役員、取締役。外資系ならCEO、CFO、CIO、CTOなど、いわゆるC（Chief）がつくポジションのこと。何らかの決定権を持つ人たちだ。エグゼクティブ層へのBtoBサービスのプレゼンは、製品の技術解説に加えて、価値や理念、社会的意義など、より大きなビジョンを、決定権のある人たちに直接アピールすることができる貴重なチャンスである。

これを数値化するために、全体的なプレゼン回数のうち、エグゼクティブが含まれるプレゼンが何回あったか、というパーセンテージを指標にしている。

私の場合は、これが50％を越えている。つまり、2回に1回は、エグゼクティブ層に直接思いを伝えることができているということだ。

📦 評価基準は自分でつくる

　マイクロソフトでエバンジェリストを務めるにあたって、私は会社に対して、次の5つの指標で評価してほしいとお願いした。

❶ セミナー開催回数

❷ 参加者の人数

❸ NSATによる満足度

❹ 指名率

❺ エグゼクティブ層へのアプローチ率

　従来からの基準である❶、❷に加えて、前述の3つの指標（❸、❹、❺）を入れた。これは、会社が私を評価する基準であると同時に、私が自分に対して課した目標でもある。

　マイクロソフトには、私以外にも、優秀なエバンジェリストがたくさんいる（マイクロソフト社全体のエバンジェリストは私だけだが、商品やサービスに特化したエバンジェリストは10数人在籍している）。その評価指標はさまざまで、❸NSATによる満足度は共通しているが、それ以外は、それぞれのエバンジェリストが決めた評価指標がある。

　マイクロソフト全体のエバンジェリストとしては、前例のない新しいポジションだったから、企業における自分の役割や存在価値は、自分自身でつくり出していかなければならなかった。だから、自らその価値を社長に訴え、評価基準をつくり、そしてその目標を達成するために、最大限の努力をした。

　おかげさまで、結果は目標値を越え、社内の経営者層からも、現場の営業からもたくさんの評価や感謝の言葉をいただいた。

　それと同時に、「エバンジェリスト」という言葉や、伝えることの価値は多くの人に認知され、マイクロソフトの魅力も伝わった。これは、本当にうれしく、誇らしいことである。

CHAPTER 2

IT系の職種に必要な
スキルと役割

なぜエバンジェリストが
IT系で活躍できたのか?

エバンジェリストはIT系を中心に広がった職業で、現在はIT系だけでなく、さまざまな業界、職種でも活躍しているということは、CHAPTER 1でも述べた通りだ。CHAPTER 2では、プログラマー、SE(システムエンジニア)、アーキテクト、プリセールスエンジニア、ITコンサルタント、エバンジェリストなど、IT系の職種の特徴とスキルを比較しながら、その中で、エバンジェリストが古くからIT業界でどのように活躍してきたか、そしてなぜ必要とされ、支持されてきたかを解説したいと思う。

🔖 IT業界におけるエバンジェリストの役割

なぜこのような説明をするのかというと、近年、エバンジェリストの活躍によって、多くの優秀な会社とその製品やサービスが、IT系から生まれているからだ。たとえば、Amazon(アマゾン)、Google(グーグル)、UberEats(ウーバーイーツ)、Hulu(フールー)、もちろんアップルやマイクロソフトもそうであるし、数え上げたらきりがないほどたくさんある。

そしてこれらのIT技術を駆使したサービスは、世の中が自粛をしても、テレワーク時代になっても、業績が下がることはほとんどない(一部例外があるかもしれないが)。むしろ、爆発的に成長している印象だ。

これらの急成長は、すべてエバンジェリストのおかげだとまでは言わないが、複雑なテクノロジーをエバンジェリストがわかりやすく伝え、広めてきた功績は大きいだろう。

IT業界におけるエバンジェリストの役割を学ぶことは、ほかの業種、業界でも必ず役に立つ。一見、ITとは縁遠いと思われる業界でも、パソコンを導入して、メールやインターネットをするのは当たり前だし、ホームページを充実させ、注文や予約をオンラインで受注する企業も多い。職人や農業でも、何かしらのITに触れているはずだ。IT技術は今や、現代社会になくてはならないものであり、さまざまなところで、ビジネスや生活を便利に、豊かにしているのだ。そしてそこには必ず、伝えるという役割がある。IT系職種を理解することは、IT業界に興味がない人や、無縁だと思っている人でも、知っておいて損はない基礎知識だと思う。

IT系職種の3つのカテゴリー

　IT系の職種には、大きく3つのカテゴリーがある。「エンジニア」、「ITコンサルタント」、「エバンジェリスト」だ。ざっくり言うと、「エンジニア」はプログラムやシステムをつくる人、「ITコンサルタント」は顧客の相談に乗る人、「エバンジェリスト」は魅力を伝える人である。

　さらにエンジニアの中には「プログラマー」、「SE」、「アーキテクト」、「プリセールスエンジニア」がいて、それぞれのちがいは後述するが、プログラマーとSEが純粋なエンジニアとしたら、アーキテクトとプリセールスエンジニアはエンジニアとITコンサルタントの隙間でどちらの仕事もするというイメージだ。

　それぞれ専門性のある仕事なので、どちらが上とか下とか、どちらがえらいとかではない。「エンジニア　→　ITコンサルタント　→　エバンジェリスト」と変化するに従って、伝える力が必要で、より幅広い視野と知識が必要となり、目線はパソコンから顧客に移っていくということをまず理解してほしい。

◆IT系職種のカテゴリーイメージ

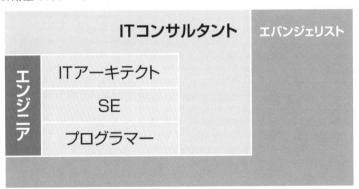

プログラマーとSEのちがい

　エンジニアの中に、「プログラマー」と「SE」という職種がある。まずそのちがいと特徴を説明しよう。

　パソコンをはじめ、家電や通信機器など、今やあらゆる電子機器にコンピューターが搭載されている。これらのコンピューターが人間の指示通りに動くように、プログラムを作成・開発する技術者のことをプログラマーと言う。それに対してSEは、コンピューターシステム全体を設計する技術者である。顧客の要望を聞いて、システムを構築し、必要に応じてプログラマーにプログラミングを依頼するなど、プログラマーよりも広い視野でシステム全体を管理する仕事だ。

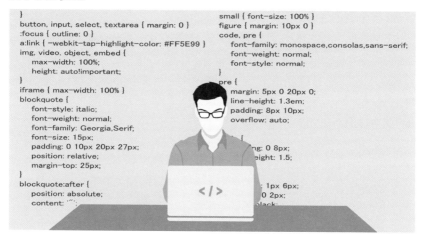

　これは、たとえるなら、建設現場で働く職人がプログラマーで、SEが現場監督というイメージだ。

　レストランなら、一皿の料理をつくる料理人がプログラマーで、コース全体を組み立て、メインは肉料理だから○○に担当してもらおう、デザートは焼き菓子だから△△にやってもらおう、とマネジメントするのがSEだ。SEは接客をして、客の注文や好みを聞き、料理を出すタイミングも指示するギャルソンの役割も果たすし、料理が遅れていたら、厨房に行って催促したりもする。

　当然、料理の知識と経験もある程度は持ち合わせていないと、客に説明することはできないし、コース料理の組み立てを考えることも、タイミングを指

示することもできない。だから、業界に入っていきなりSEをするという人より、まずはプログラマーとして働き、SEにキャリアアップするというのが自然な流れだ。

　また、小さなシステムであれば、SEが構築からプログラミングまですべて1人でつくることもある。これは、店主1人で切り盛りするカウンターだけの小さな食堂のようなもので、席数の多い大きなレストランや宴会場では、多くの専門スタッフが分業するのと同じだ。

　プログラマーがSEの指示通りにひたすら手を動かしてプログラムをつくる職人だとしたら、SEは自分の思い通りにシステムを構築し、コンピューターの魅力を引き出す仕事である。「こういうふうに工夫したらもっと便利になるんじゃないか」とか、「こうしたらもっと快適に使えるんじゃないか」と考えて、工夫する自由度はSEにあり、それを顧客に提案することもできる。でもプログラマーは接客しないので、そのような自由度はなく、SEの指示通りに正確にプログラムをつくることが求められる。

　つまり、パソコンと向き合うプログラマーよりも、顧客と向き合うSEの方が、商品やサービスについて「伝える」スキルが必要で、さらにSEには、依頼内容をプログラマーに正確に伝えるコミュニケーション能力も必要だ。

◀ よりつくり込む力が必要　　　　　　　　　より伝える力が必要 ▶

プログラマー　　SEには、顧客の要望を聞いて、　　ＳＥ
　　　　　　　　依頼内容をプログラマーに伝える
　　　　　　　　コミュニケーション能力が必要

SEの指示通りに　　　　　　　　　　コンピューターシステムを
正確にプログラムを　　　　　　　　思い通りに設計・構築し、
作成・開発する　　　　　　　　　　顧客に提案する

🔷 プログラマーは特別なスキルを持つ職人

　ここまでの話で、プログラマーよりもSEの方が上だと感じる人がいるかもしれないが、実はどちらが上でも下でもない。プログラマーは、専門知識とス

キルを持つ職人のような仕事で、職人として、生涯あえてプログラマー一筋で極める人もたくさんいるからだ。

　私のIT業界でのキャリアもプログラマーからスタートした。はじめてパソコンを手にしたのは、小学校5年生のとき。父が「これからはコンピューターの時代がくる。俺は機械の世代の人間だが、おまえはコンピューター世代の人間だ」と言って、当時、今よりもはるかに高価だったパソコンを、なけなしの給料をかき集めて買ってきてくれたのだ。

　それまでパソコンを見たことも、触れたこともなく、使い方を誰も教えてくれなかったけれど、付録の『パソコンのしくみ』という漫画を読み、自分がつくったプログラム通りにコンピューターが動いてくれることに、「なんて素晴らしいテクノロジーなんだ!」と感動したことを覚えている。

　コンピューターを思い通りに動かすことに夢中になった私は、好きなことを仕事にするためにプログラマーになった。プログラムをつくる仕事が本当に楽しくて、誰よりも向いていると思っていたし、大きなやりがいを感じていた。

　プログラムをつくるためには、まず「プログラミング言語」を覚えなければならない。これは、コンピューターへの指示を書くための言語のようなものだ。私の時代は、COBOL（コボル）やFORTRAN（フォートラン）、C言語、Algol（アルゴル）、Java（ジャバ）などが中心で、毎年いくつもの新しい言語が開発され、使われなくなったものはどんどん淘汰されていく。現在、300言語以上はあるのではないかと思う。

　新しい言語が出るたびに覚えるのは大変だと思うかもしれないが、プログラムというのは、言語をいくら知っていても、つくり方を知らなければ、完成させることはできない。

　たとえば、カレーという料理を完成させるためにレシピを書くのがプログラマーの仕事だとしたら、日本語で書いても、英語で書いても、最終的においしいカレーが完成すればいい。英語ができないと、英語のレシピを書くことはできないが、そもそもカレーのつくり方を知らない人は、いくら英語ができてもレシピを完成させることはできない。

　プログラマーにも似たところがあって、新しい言語を覚えるのが得意な人よ

り、プログラムのつくり方を知っている人の方が、プログラミングテクニックが高いと評価される。毎年新しい言語がどんどん開発されても、カレーのつくり方は変わらない。言語をたくさん知っている人より、おいしいカレーのつくり方を知っている人の方が、職人として重宝されるのだ。

　日本語でつくるカレーのレシピでも、スパイスの調合からはじめて、何時間もかけて煮込む本格的なカレーをつくる人もいれば、電子レンジを使った簡単な時短レシピもある。顧客の好みもあると思うが、最終的においしいカレーができるなら、簡単で、レシピの文字数が少ない、シンプルな方がよろこばれる。レシピ本でも、企業のパンフレットや商品パッケージに載せるレシピでも、掲載スペースには限りがあるので、ムダに長いレシピは編集者にも、クライアントにも、ユーザーにも嫌がられるからだ。

　プログラマーの世界でも同じで、サイズが小さいプログラムを、誰よりも速く、正確につくれることが優秀なプログラマーの証だった。プログラムのサイズが小さい方がいいというのは、昔はコンピューターのメモリが小さく、すぐにいっぱいになってしまったため、サイズの大きなプログラムは歓迎されなかったからだ。いかに小さく、優れたプログラムをつくるかということが、プログラマーの腕の見せどころだったし、私はそれが得意だった。

　念のため、申し添えておきたいのは、時短でつくったカレーがまずくて食べられなかったら話にならないし、小さくて速いプログラムがバグだらけで使えないものだったら意味がない。顧客が満足できるレベルの中で、速く、小さくつくることが求められた。プログラマーは特別なスキルを持つ職人なのだ。

　今はハードディスクの容量が大きくなり、よほどのことがない限り、いっぱいになることはない。従って、昔ほど小さくつくることに価値はないと思うが、プログラミングテクニックの高いプログラマーが重宝されることに変わりはない。

プログラマーの仕事は
なくならない

　今や、ほとんどの電子機器にコンピューターが搭載されている。従って、プログラマーのニーズは高く、その仕事は多岐にわたる。そもそも、初期のコンピューターがつくられたのが1940年代で、プログラムがなければコンピューターは動かないから、その頃にはプログラマーがいたということになる。1950年代には、コンピューターが一般家庭の生活の中でも使われるようになり、その頃から職業として活躍するプログラマーがたくさんいた。これは、私が生まれるよりも、もっとずっと昔のことだ。プログラマーの歴史は意外と古い。

　私と同世代やもっと上の人たちは、「コンピューターって、そんなに昔からあったっけ?」と首をかしげるだろう。たとえば、電気炊飯器は私が子供の頃からあった。昔ながらの土間で、お釜でごはんを炊くのは、もっとずっと昔の話である。電気炊飯器はスイッチを押すと、火加減を調節しながらごはんを炊いたり、保温したり、タイマーで決まった時間に炊き上げたりできる。これができるのは、コンピューターとプログラムが搭載されているからだ。

　今世の中にある商品やサービスは、ほぼすべてコンピューターで動いている。つまりそれは、必ず誰かによってプログラミングされたもので、設計したプログラマーがいるということだ。私たちはあらゆるところで、その恩恵を受けている。

　テクノロジーの進化により、これからはAIでますます自動化が進むと言われているが、それでもプログラマーの仕事はなくならないだろう。AIが得意とするのは、同じことを何度も繰り返すような単純作業や、手間がかかって苦労していたことを簡単にすることだ。「うわー!これすごい!」と、あっと驚く仕組みづくりやアプローチは、AIにはできない。

　たとえば、車の運転はAIによる自動化が進み、ますます楽になるだろう。しかしながら、「車をやめて、電車で行こう」というアプローチは、AIにはできない。こんなふうに優れたアイデアやアプローチができるプログラマーは、これから先もAIに仕事を奪われることはないだろう。

プログラマーがSEに変わる瞬間

　私もプログラマーとして、自信とプライドを持って、たくさんのプログラムをつくっていたが、いつからか「もっとこうしたい」、「こうするともっと便利になるから提案したい」という思いが湧き上がってきた。そういうサービス精神のようなものを子供の頃から持っていたので、私の性分や適正だったのかもしれない。次第に、誰かの指示通りに手を動かすプログラマーから、自分の思い通りにコンピューターの魅力を引き出すSEへと仕事の幅を広げた。はっきりと、つくり手側に意識がシフトした瞬間だった。これは同時に、エバンジェリストへの第一歩を踏み出した瞬間だった。

　プログラマーを経験せずに、いきなりSEからはじめる人はいるのだろうか？

　昔はほとんどいなかったが、最近は職業選択の自由度が増えたので、いてもおかしくないと思う。プログラマーとしての下積みがなくても、プログラムを理解し、SEの仕事ができれば問題ない。

　たとえば寿司屋で10年修行をしても、寿司職人養成学校で2ヶ月間講習を受けても、客がよろこぶおいしい寿司が握れたら、立派な寿司職人だ。10年間の修行のうち、最初は掃除や皿洗いが中心で、包丁を握らせてもらえないことを考えたら、それをショートカットして、効率的に学ぶことも、ある意味、合理的だろう。また、修行したら、その店のやり方しか学べないが、学校ではあらゆる手法を学ぶことができるメリットもある。

　ただ、10年間の修行で得るものは必ずあるし、学校では得られない経験もたくさんある。だから私はその10年間を決してムダだとは思わない。10年間の修行をして握った寿司には、ある程度のお金を払っても惜しくないと思えるが、学校で2ヶ月学んで握った寿司に、高額な値段を払う気がしないのは、私だけだろうか？　結果、寿司がおいしければいい、という人ももちろんいるだろう。そもそも、おいしい寿司の基準や好みは人によってちがう。だからあくまで個人的な主観でしかないが、私は経験に対する対価というものは存在すると思う。

　話をプログラマーに戻すと、私自身は今、エバンジェリストとして多くの人に伝える仕事をしているが、その知識とスキルを支えるのは、プログラマーとしての経験だと思っている。

SEとプリセールスエンジニア、アーキテクトのちがい

SEがコンピューターシステム全体を設計する技術者なら、プリセールスエンジニアはコンピューターシステム全体を提案し、売る仕事である。つまり、より営業職に近いイメージだ。営業担当者に同行して、技術的・専門的な側面をサポートすることもあれば、顧客の目の前でデモンストレーションして見せたりもする。

買う意思のある顧客から依頼を受けて、接客をするSEよりも、買うかどうかわからない顧客に対して提案し、ほしいと思わせるプリセールスエンジニアの方が、より伝える力が求められる。システムに詳しくない顧客にも、魅力を感じ、価格に納得してもらう必要があるからだ。つまり、プリセールスエンジニアは、よりエバンジェリストに近い職種で、エンジニアの最終形といってもいいだろう。

アーキテクトは、建築家、設計者などの意味を持つ英単語で、IT業界では、大きなシステムの全体的な設計を行う技術者のことを指す。SEよりも幅広い視野で全体のプロジェクト管理を行う、専門性の高い職種だ。

たとえば、家を建てるときに、顧客の生活スタイルや要望を聞いて、「それなら和風建築のこんな家がいいですよね。柱はひのきで、ここは引き戸にして・・・」というように、全体像をデザインして、つくり方や手段を考える人。まさに建築家そのものだが、IT業界でもそういう役割をアーキテクトと言う。

建築家は、リビングも、寝室も、キッチンも、浴室も、基礎工事や骨組みも、家づくりのすべての工程を知らないと、全体的なデザインはできない。さらに、使われる資材の種類や耐用年数、調達方法、誰に何を頼めばいいのか、完成までにどれくらいの時間がかかるのかなど、幅広い知識と経験が必要だ。

ただし、顧客には予算がある。「お金はいくらかかってもいいから、最高のものをつくってほしい」という最上級の顧客もたまにはいるが、ほとんどの場合はそうではない。とくに大きなシステムになるほど、総予算の上限は決まっていて、「もっとこうなると便利だけど、それにはお金がかかるから、この予算ならこうした方がいいですよ」と代替案を提案したり、折衝したりするのがけっこう大変

SECTION-15 ● SEとプリセールスエンジニア、アーキテクトのちがい

なのだ。そんなときに必要なのが、伝える力とコミュニケーション力だ。

　アーキテクトやプリセールスエンジニアがプログラマーやSEよりも上というわけではないが、より幅広い知識と伝える力が必要なので、プログラマーからSE、SEからアーキテクトやプリセールスエンジニア、という流れでキャリアアップする人が多いのが現実である。私自身もそうだった。その進化の過程で、より伝える力の必要性を感じ、学び、努力して、伝える力を磨いていった。

2
IT系の職種に必要なスキルと役割

COLUMN　　**プログラマーとしてITの基礎を習得**

　私がIT業界に入ったのは、1980年代後半のメインフレームの時代だった。メインフレームとは、大企業や官公庁などの基幹情報システムなどに用いられる大型コンピューター製品のことで、建物の一室やワンフロアを占めるほどの大型の本体は、今ではすっかり過去の遺物扱いだ。当時は「パソコン」ではなく、「汎用コンピューター（メインフレーム）」と呼ばれ、そのソフトウェアをつくっていたのがSEやプログラマーだ。

　その頃に、名古屋にある某国産ハードウェアウェアベンダーのソフトウェア部門で、「OS／2（オーエスツー）」（DOSの後継として期待された高度なパソコン用オペレーティングシステム）の開発にプログラマーとして携わったのが、私のITキャリアのスタートだ。SEの指示通りに、仕様に基づいて、誰よりも早く、品質よく、バグがないようにつくるのが得意で、表彰されたこともあった。プログラマーの醍醐味を知って、仕事がどんどんおもしろくなっていった。

SECTION-16
エンジニアとITコンサルタントの ちがい

「コンサルタント」とは、ある特定分野においての知識や経験を持ち、顧客の相談に乗って、診断や助言、指導を行う専門家である。ITコンサルタントはまさに、IT分野において顧客の相談にのる人だ。

エンジニアの中でも、SE、アーキテクト、プリセールスエンジニアは接客をする。顧客の要望を聞いてシステムを考えたり、よりよいシステムを提案したり、という点ではITコンサルタントの仕事も変わらないが、一番のちがいは、顧客からの信頼度だ。

顧客はITコンサルタントからシステムやサービスを買うのではなく、顧問料などの形で、アドバイスに対してお金を払う。当然のことながら、顧客のITコンサルタントに対しての信頼は厚く、ITコンサルタントの助言はお金を払ってでも聞きたいと思っている。その助言を実行できるかどうかは別として（予算や人の問題もある）、信頼し、聞く耳を持っていることはまちがいない。システムを販売する、買っていただく立場のエンジニアとは、まず立ち位置がちがうのだ。従って、ITコンサルタントは客の意見を変えることができる。

たとえば、顧客が家を買いたいと相談した場合、エンジニアは「リビングを2階につくると見晴らしがいいですよ」とか、「耐震性を強化すると地震がきても安心です」とか、「こうすれば地下に駐車場がつくれます」など、よりよい家の建築を提案することはできても、「一軒家よりマンションの方がいいですよ」とか、「家は買うより賃貸の方が得です」という提案はできない。そこまで踏み込んで助言し、客の意見を変えることができるのが、ITコンサルタントだ。

これはつまり、ITコンサルタントの方が、より顧客の立場に立って考えるということだ。そしてそのためには、より幅広い専門知識や経験が必要で、さらにそれを伝える力とコミュニケーション力も、もっと必要になる。ITコンサルタントは、よりエバンジェリストに近いスキルを持つ職種である。

ITコンサルタントと
エバンジェリストのちがい

ITコンサルタントとエバンジェリストの仕事も、似ているようで少しちがう。顧客の立場に立って考え、課題を解決するために、よりよい提案をするという部分では同じだが、ITコンサルタントが顧客の利益を追求することに特化しているのに対し、エバンジェリストは顧客の利益だけでなく、業界やテクノロジー全体の利益のために行動する。ひとつの会社の製品やサービスより、ITの未来がこうなってほしいという思いに支えられているのだ。だからエバンジェリストは他社比較をしても、批判やあおり、けなし合いはしないのだ。

たとえば、あるカレー店の売上アップのために、「カツカレーをメニューに加えてみたらどうですか?」などとカレー店にアドバイスをするのがコンサルタント。エバンジェリストは、カレー店の人だけでなく、より多くの人にカレーの魅力を熱く語る。カレーが食べたくなるようなプレゼンをする。その結果、カレー好きの人はまた食べたいと思うし、パスタを食べようと思っていた人がカレーを食べるかもしれない。それによって、ほかのカレー店にも客が入るかもしれないが、カレーという料理が盛り上がるならそれでいい。結果的に、最初に依頼したカレー店も繁盛するからだ。つまり、エバンジェリストの方がより幅広い知識と経験が必要で、カレーに対する情熱と、情報発信能力が必要だ。

コンサルタントにも豊富な知識が必要だが、エバンジェリストと比べると、特定の顧客に深く関わる深掘り型だ。エバンジェリストには、そこまで深い知識は求められない。深さよりも、幅広さが重要だからだ。多くのスキルが共通して必要だが、それぞれ求められる深みがちがう、ということだろう。

🔖 伝えることが上手くなるにはまず好きになる

ここまでの話で、優秀なエバンジェリストは、優秀なエンジニアであり、優秀なコンサルタントでもあるということが理解いただけたはずだ。「エンジニアは話し下手」というイメージを持つ人も多いだろう。確かに、話し下手なエンジニアは多い。しかし、エンジニアからエバンジェリストになるのは決してめずらしいことではない。話し下手でも、伝えたいという情熱があれば、スキルは後からついてくる。実際、IT業界でエバンジェリストをしている人はエンジニア出身が多い。私もその1人である。エンジニアがすべてエバンジェリストになる

必要はないが、エバンジェリストにはエンジニアの知識と経験が不可欠だ。

　エバンジェリストの情熱を支えるのは、「好きだ」、「広めたい」、「伝えたい」という強いこだわりだ。カレーなら、「こんなにおいしくて、素晴らしいということを、たくさんの人に知って欲しい」、「ぜひ食べてもらいたい!」と強く思うことが原動力となる。伝えることが得意、不得意、というのは確かにあるけれど、伝えることが上手くなりたかったら、まずそれを好きになることが必須なのだ。

　何度も言うが、伝える力は情熱があれば必ず上達するし、技術は後からでもついてくる。そのうち、「カレーの話を聞くなら西脇さんがいい」、「西脇さんからカレーの話を聞きたい」と言われるようになったら、もう立派なカレーのエバンジェリストだ。もし、まだそれだけの情熱を注げるものが何か、自分でもよくわからないという人がいたら、若いうちにいろいろなものを見て、体験して、ぜひ好きなものを見つけてほしい。「好き」はエバンジェリストのはじまりで、成長のきっかけだと思う。

◆IT系の職種に必要なスキルの比較

	スキル	エンジニア	ITコンサルタント	エバンジェリスト
システム開発	設計能力	★★☆	★★★	
	開発能力	★★★		★★☆
	システム運用能力	★★★	★★☆	
コミュニケーション	ヒアリング能力		★★★	★★☆
	プレゼン能力		★★★	★★★
	対話能力		★★★	★★☆
	情報発信能力		★★☆	★★★
	危機回避能力	★★☆	★★★	★★☆
	最新技術の知識	★★★	★★★	★★★
資質など	専門性	★★★	★★★	★★★
	幅広い知識		★★☆	★★★
	柔軟性		★★☆	★★☆
	スピード	★★★	★★★	★★★
	こだわり	★★☆		★★★
	感情・愛情	★★★		★★★

★★★ …… 必要
★★☆ …… ある程度必要

さまざまな見方があるために、この表がすべてではない。また、どの職種が優秀であるとか、上下があるということでもないが、エバンジェリストには「こだわり」と「感情・愛情」がつねに求められる。これはほかの職種には見られないめずらしい特徴だ。

CHAPTER 3

エバンジェリストに
必要なスキルとは?

エバンジェリストに必要な3つのスキル

　エバンジェリストにまず必要なのは、「好きだ」、「広めたい」、「伝えたい」という情熱や信念だということはCHAPTER 2でも説明したが、ここからは、それを伝えるために必要なスキルについて解説する。

　情熱や信念が自分の中からわき上がってくるものだとしたら、スキルは訓練を通じて身につける能力だから、誰でも習得できるものだ。仮に、もともとの素質や個人差、得意・不得意のようなものがあったとしても、努力すれば必ず今よりも上達する。

　というより、赤ちゃんのときは「オギャー」と泣いてミルクがほしいことを伝え、おむつ換えのタイミングや感情を伝えていたのだから、伝える力がない人間はいない。伝える力をゼロから学ぶというより、すべての人が生まれながらに持つ能力を伸ばす、という表現の方が正しいのかもしれない。この本は、そのための教科書である。

📦 必要なスキル

　エバンジェリストに必要なスキルは、おもに次の3つである。

❶ 専門知識

❷ 準備・資料づくり

❸ 伝える技術（話し方、見せ方）

　それぞれについての詳細は、CHAPTER 4〜6で説明するので、ここでは、概要について書きたいと思う。まず、この3つのスキルをもっとわかりやすい言葉にすると、「インプット」、「咀嚼」、「アウトプット」である。

◆ インプット

　専門知識を学び、経験し、トレンドや最新情報を集め、その分野のことは誰よりも知っていると自信を持って言えるだけの情報をインプットすること。

◆ 咀嚼

　インプットした情報を自分なりにまとめ、咀嚼し、どういうふうにプレゼンすれば相手に伝わるかを考え、シナリオや資料をつくり、準備すること。

◆ アウトプット

魅力的な話し方や見せ方を工夫して、より相手に伝わるようにアウトプットすること。

これらはエバンジェリストにとって必要なスキルであると同時に、エバンジェリストが日々繰り返し行っている行動パターンでもある。世間の人からは、プレゼンテーションやデモンストレーションでしゃべっている華やかなところしか見えていないが、実は、最高のアウトプットをするためには、最大のインプットと咀嚼、つまり完璧な準備が必要だ。私自身はとくにシナリオづくりを大事にしている。

日本人はアウトプットが苦手

考えてみたら、日本の教育システムはインプットが多い。学校の授業はインプットが中心で、中間テストや期末テストは、インプットできているかを先生がチェックするための作業だ。これは全員が等しく同じレベルの知識を得られるという点では素晴らしい教育システムだろう。何よりも先生が楽だ。テストをつくって採点すれば、成績がつけられるのだから。

私は教育評論家ではないので、このやり方が良いのか、悪いのかはわからない。ただ、私は数年前から、小学校、中学校、高校など5つの学校で授業をしていて、私の授業では、インプットからアウトプットまでを授業にしている。

インプットした知識をどうやってアウトプットするか？　人に伝えるためにはまず、自分が理解しなければ説明できないし、どんな手法を使って、どう伝えるか、それぞれが自分で考える。資料やフリップを使って話す人もいれば、比較しながら説明する人もいるし、身ぶり手ぶりを使う人や、歌で表現する人もいる。学生たちの発想は個性があって、見ていてとてもおもしろい。要は、伝われば、どんな方法でも構わない。伝えた結果、人を動かすことができれば成功だ。

学生に授業をするようになって、私自身も学ぶことが多く、たくさんの刺激を受けている。たとえば、1789年のフランス革命についての発表をしたときのこと。「フランス革命はなぜ起こったの？」、「なぜフランス？」、「なぜヨーロッパのほかの国では起こらなかったの？」、「なぜ1789年？」と学生たちが次々と手をあげて質問をして、それに答えたり、一緒に考えたりするうちに、

フランス革命の背景がわかり、クラス全体の理解がどんどん深まった。1人で一方的に伝える力をつけることも大切だが、双方向のコミュニケーションを通して知識を深めることや、質問が出るような問いかけをあえてすることも、重要なスキルだと思う。

　小学生のアウトプットは実にユニークだ。大人よりも体を動かし、手や指を使って全身で表現する。抑揚があり、感情豊かに、情熱的に語る。伝えるためのアイデアやバリエーションも豊富で、多様性があり、とても魅力的だ。これはおそらく、こうするべきだという固定観念や恥ずかしさがなく、自分の力をすべて使って、一生懸命に伝えようとするからだろう。
　赤ちゃんのときからそうしてきたように、人は生まれながらにして、伝える力を持っている。それが、成長とともに文字を覚え、言葉のレパートリーが増え、羞恥心が芽生え、知らないうちに固定観念が生まれ、伝える力は変化していく。身ぶり手ぶりをやめて、言葉や文字を使ってスマートに伝えようとするから、感情が伝わりにくくなる。感情が伝わらないと、相手の心は動かないのだ。だから私は、子供の頃から伝える力を鍛えるべきだと思う。

　アウトプットをチェックすると、生徒がどのくらい理解できているのかがよくわかるし、アウトプットの課程で、理解度も確実に上がる。欧米を中心とした先進国では、多くの学校でアウトプットを重視した授業が行われている（標準的と言った方がいいかもしれない）。だからなのか、欧米人は日本人よりもプレゼンテーションが上手いし、コミュニケーション力も高い。
　日本人の多くが伝える力が低いのは、学校教育の問題なのか、国民性や文化のちがいもあるのかはわからない。日本人が世界でも活躍する今の時代、グローバルスタンダードとして、日本人も世界基準の伝える力を持つべきではないだろうか。子供の頃から個性を認め、自主性を養い、自分で考えて伝える訓練をすれば、日本人はもっと伝えることが上手くなるはずだ。しかしながら、それを授業で取り入れている学校は、日本ではまだ少ないのが現状だ。

📘プレゼンテーションとは、相手を動かすこと
　学びの場では、インプット、咀嚼、アウトプットまでで十分だが、エバンジェリストとして、伝えることを仕事にするなら、アウトプットが終わりではない。

学校は生徒が知識を得たり、技術を習得したりするのが目的だから、アウトプットで生徒の理解度が確認できたら、後は足りないものを補習すれば修了だ。その後、卒業生が活躍できるようにサポートする学校もあるが、学ぶという目的は達成されている。

しかしながら、エバンジェリストの仕事は、アウトプットが目的ではない。魅力を情熱的に語ること、つくった資料を見せることが目的ではなく、伝えた結果、相手が動いてくれることが目的なのだ。「伝わればOK！」ということではない。

伝えたけど、相手が何も変わらないようでは、伝わっていないのと同じだ。伝えたことに満足しているようでは、エバンジェリストとは言えない。たとえば、商品の説明をしたら買ってもらわなければ意味がないし、お詫びに行ったら許してもらわないと意味がないのである。

プレゼンテーションのゴールは相手を動かすことだ。何が目的でプレゼンするのか、相手に何をしてほしいのかを考えれば、そのためにどんな準備をすべきかが明確になるだろう。相手を動かすためには、「相手の立場に立って考えること」が何よりも重要だ。それができてはじめて、人を動かす魅力的なプレゼンができると言ってもいい。その視点があるのと、ないのとでは、準備も、話し方も変わってくる。

たとえば、伝えることをゴールにすると、「スライドがちょっと多いかな」とか、「最後の結論はこんなふうにまとめて」とか、話をすることや見せることを考えて、自分目線で組み立ててしまう。ところが、相手を動かすことをゴールにすると、「こういう入り方をすれば、興味を持ってもらえるはず」とか、「こういう事例を入れておけば、相手がイメージしやすいかも」とか、「最後の見積もりの後に、何かひと押しできる言葉を入れよう」など、相手を動かすために、相手の立場に立った準備ができる。

さらに話し方も変わる。「今日は津軽産のりんご、さんさのご紹介をします」が「今日はみなさんに、大変おいしいりんごの話をお届けします」に変わる。「9月の下旬にお届けします」が「9月の下旬に味わっていただけます」になる。ちょっとした言葉づかいで、相手が受け取る印象や伝わり方は大きく変わるのだ。この「相手の立場に立って考えること」は、ビジネスに限らず、すべてのコミュニケーションの基本だと思う。

AIにできる仕事に未来はない

　伝えるという仕事はAIにもできるだろうか？　確かに、専門知識や情報をインプットすることや、資料をつくる作業は、AIにもできるようになるだろう。でも相手の立場に立って、シナリオをつくったり、感情を込めてより魅力的に話したり、相手の顔を見ながら会話をすることはAIにはできない。つまり、エバンジェリストは、どんなにAIが進化しても、決してなくならない職業だ。情報収集や資料づくりなどの準備が楽になり、伝える仕事は増えるのだから、エバンジェリストにとって、AIの進化はメリットしかない。

🔹 AIにできること、できないこと

　IT技術のめざましい進化により、今後はさまざまなものがAIによって自動化される時代がくる。AIによってなくなる職業もあれば、新しく生まれる職業もあり、社会の仕組みそのものが変わるだろう。では、どんな仕事が淘汰され、新たに生まれるのか？　自分が今やっていることや、目指している仕事は大丈夫？　と不安になる人もいるだろう。これからのAI時代を生き抜くためには、AIを活用して、AIにできないスキルを身につけることが大切だ。

　AIには、できることと、できないことがある。得意なのは、単純作業や、一定のルールやフォーマットに当てはめて行う仕事。手間のかかる単純作業をあっという間にこなしてしまうという点では、人はAIにはかなわない。不得意なのは、アイデアを出したり、何か新しいことを生み出したりするクリエイティブな仕事だ。だからAIにはできないことを仕事にすれば、将来リストラされるリスクは低い。

　たとえば、無人運転のモノレールはかなり前から実用化されているし、車の運転もいずれ完全に自動化されるだろう。工場での単純作業や、コールセンターの自動音声による対応など、すでにAIが活躍している場面はたくさんある。

　インタビューや記者会見の内容を文字で書きおこす「文字おこし」という仕事があったが、今はそれもAIがやってくれる。それをもとに、新聞記者やライ

ターが文章にまとめて、記事を完成させるのだが、文字おこしは時間と手間のかかる大変な作業で、それだけをやるアルバイトもいた。文字おこしのソフトが開発された当初は、誤字・脱字が多く、文章もおかしかったけれど、今はかなり正確だ。新聞記者やライターはあの重労働から解放されて、かなり楽になった。ただ、AIは声を聞き分ける能力が低く、複数の人が同時にしゃべった場合は、正しい文字おこしができない。

　人間は声を聞き分けて、誰が何をしゃべっているのか、ある程度理解できるが、AIはまだそれはできない。だから会議や討論、大規模イベントや舞台の文字おこしには不向きである。いずれそれもできるようになると思う。

🔖 AIにできない仕事をする

　情報を文字として正確に書きおこすことができるようになったら、新聞の原稿をAIが書く時代がくるだろう。とくにスポーツニュース。たとえば、「プロ野球で、巨人対広島の試合が東京ドームで行われ、3対1で巨人が勝った。7回裏に○○がホームランを打って逆転し…」など、結果を伝えるだけの記事ならAIでも書ける。事件や事故、時事ネタなど、事実を伝えるのが新聞記事だとするなら、それもAIで十分だ。

　AIにできないのは、そのニュースの感想を述べたり、解説したり、専門家の意見を聞いていろいろな視点で分析したりすること。エンターテインメント性のあるおもしろい記事にすること。あっと驚く視点や、感動的な読み物にすることはAIにはできないのだ。

　近い将来、事実を伝えることしかできない新聞記者は失業するかもしれないが、独自の視点で切り込み、人を感動させるスキルを持つ新聞記者は生き残れる。AI時代で活躍するためには、AIにできないことをやるしかないのだ。

　翻訳や通訳の仕事はすでにAIが担っている。少し前までは、自動翻訳は少し文章がおかしかったり、ニュアンスがちがっていたり、なんとなく意味がわかっても、そのまま文章として使えるレベルではなかったが、今はほぼ完璧に翻訳してくれる。口語調の会話も、スラングも、方言も、完成度は99%といってもいいと思う。

　会話の音声を聞き取って、異なる言語に通訳してしゃべってくれる機械もある。文字による読み書きも、会話も、今はまったく困らないから、言葉の壁は

もうないのだ。通訳や翻訳の仕事は、いらなくなっていくだろう。

　もし今、英語や中国語など外国語を学んでいる学生がいたら、言語を学ぶだけでは社会で活躍できないということだ。その言語ができることで、さらに何ができるのか？　語学留学に行くなら、プラスアルファで何を学べるのかが大事である。

　たとえば、野球選手がメジャーリーグに挑戦するとき、アメリカに連れて行くべきなのは通訳ではない。その選手の魅力をアピールし、価値を高め、より良い条件でプレーできるように契約交渉してくれるエージェントを連れて行くべきだ。

　このように、AIがどんなに進化しても、魅力を伝えるという仕事はなくならない。むしろ増えていくと言ってもいいだろう。これはエバンジェリストに限らず、すべての職業において、言えることである。

COLUMN　プログラマーからSEへ

　私が社会人になった1980年代後半は、オフィスコンピューターやパソコンが飛ぶように売れ、それを動かすソフトウェアを開発する人材が求められていた。当時「これからSEが30〜100万人は必要になる」と言われ、私も「将来は明るいね」などとよく言われたものだ。

　仕事にやりがいを見出した私は、決められた仕様に合わせてつくるプログラマーから、自分で仕様書を書くSEの仕事を任されるようになった。クライアントと折衝する中で、「もっとこんなことをしたい」、「もっと使いやすくなればいいのに」という声を知り、より便利で魅力的な仕様を考え、提案し、クライアントが満足するプログラムをつくるようになっていった。

　とはいえ、昔のSEは今よりもかなり大変だった。バグのない完璧なソフトが求められていたし（今はスピードや使いやすさが優先で、バグがつきものという理解が広がった）、納期が短く、言語やツールなどの環境も今ほど整っていなかった。徹夜もよくしていた。それに比べたら今のSEの労働環境はかなり改善されていると思う。

ブームは誰がつくるのか?

　ブームをつくるのは人である。口コミや伝聞はすべて、人がやることだ。「あの人はすごい」、「あの商品は便利だ」、「あのサービスは素晴らしい」と、人の感情が人に伝わり、広がり、人を動かす。ブームをつくる。これはAIには代行できないことだ。

　話で人を動かすということは、「無関心」だった人を「関心」以上にさせることだ。さらに「協力者」にすることだ。協力者が増えると、その情報は加速度的に広がり、より多くの人を動かすことができる。ファンが増えるといった方がわかりやすいだろう。アイドルでも、コンテンツでも、商品でも、ブームが起こるのは、ファンという協力者を多数得た結果である。

　ネット社会になった今、昔とちがって伝わるスピードがとても速い。だから人気に火がつけば、あっという間にブームになるし、良い評判も、悪い評判も、一瞬で拡散する。魅力を伝える力とともに、正しく伝える力が重要なのは言うまでもない。

　インターネットが開発され、世界中がつながった今、情報発信に国境がなくなった。AIの自動翻訳ができて、言葉の壁もない。これからますます、人種の壁も、マイノリティーへの偏見もない、多様性を認める自由な社会になるだろう。そういう時代にビジネスをするなら、競争相手は世界だ。SNSやネットを使って何かを発信するなら、世界中の人が視聴者になる。世界中の人に魅力を伝え、世界中にファンをつくることもできるのだ。

　世界でビジネスを成功させるには、「言語力(とくに英語)」、「ITスキル」、「プレゼンテーションスキル」の3つが必要だと言われている。言語力については、先にも述べたように、AIの自動翻訳でカバーできる部分があると思うが、ITを使いこなし、プレゼンテーションが上手くできなければ、世界では勝負できない。つまり、欧米人に比べて、プレゼンテーションスキルが低い日本人は、もっと伝える力を学ばなければならないだろう。

　数年前に、この3つのスキルを活かして、一躍世界の有名人になった日本

人がいる。「PPAP」のYouTubeで一世を風靡した芸人・ピコ太郎氏だ。「I have a pen…」と全編英語で歌い、YouTubeというITを使って発信し、ヒョウ柄の衣装にパンチパーマというコミカルな出で立ちと、ユーモラスな動きと表情。まさに3つの条件がそろっている。これが世界的ミュージシャンのジャスティン・ビーバーの目に留まり、Twitterで紹介されて、人気に火がついた。PPAPは世界的な大ヒットとなり、YouTubeの週間再生回数ランキングで世界一という記録を打ち立てた。ピコ太郎氏が目指した、多くの人に動画を見てもらいたいという目的は達成され、さらにそれ以上の成果が得られた成功事例だ。

📦 伝える力は、上達する

　私は子供の頃から人前で話すことが好きで、弁論大会や発表の場で発言するのは得意だった。そういう素質のようなものがあるのかと聞かれれば、おそらく少しはあると思う。だからといって、私は何も努力をせずに、ここまで話せるようになったわけではない。挑戦と失敗を繰り返しながら、自分なりのノウハウを研究したから今があるし、今でも毎日、上手くなるための努力を欠かすことはない。

　これはどんな仕事においても、スポーツでもそうだと思うが、生まれながらの素質におごり、努力をしなければ、第一線で活躍することはできないだろう。天才と呼ばれる人たちは必ず努力もしていると思う。

　よく「西脇さんはもともと話すのが上手だから」とか、「西脇さんは才能があってうらやましい」とか、「西脇さんにはできるけど、私には無理…」なんて言う人がいるが、私は伝える力は才能ではなく、努力だと思っている。

　もし、人前でしゃべることが苦手だとか、上手くしゃべる自信がないと感じている人がいたら、それはいくらでも改善できるということを知ってほしい。声も、顔も、しゃべり方もみんなちがうし、個性があっていい。今は個性が評価される時代だし、いろいろな伝え方があってもいいのだから。

　表現方法に正解はない。完璧も、100点満点もない。誰もが持つ情熱を原動力に、コツやテクニックを学び、自分なりにできる方法を見つけ、日々努力することで、どんな人も上手くなる。伝える力は、「誰でもできる能力の積み重ね」だ。もし近道があるとすれば、それは「好きだ」、「伝えたい」、「広めた

い」という情熱を強く持つことだろう。

　だから私は自信を持って言いたい。「伝える力は、必ず上達する」と。私にできることは、「こんなふうにするともっとよく伝わる」とか、「こんなときはこうするといい」というアドバイスで、私のしゃべりをコピーする必要はない。自分に向き合い、自分なりの伝え方を研究し、努力することが大切だ。

🗃 伝える力の評価

　伝える力は目に見えないものだから、上達したかどうか、わかりづらいところもあるだろう。そんなとき、指標のひとつにしてほしいのは、他人の評価だ。

　私はセミナーやプレゼンのとき、相手の表情や反応を見る。つまらなそうにしているのか、興味を持って聞いてくれているのか、納得しているのか、していないのか。現場の空気感を感じ取ることを大事にしている。

　セミナー後のアンケートにもすべて必ず目を通す。「満足した」、「大変満足した」、といいことが書いてあると素直にうれしいけれど、それを読んでほっこりしても、今後のプレゼンに役立つわけではない。大切なのは、批判やネガティブな意見をピックアップして、改善し、次に役立てることだ。プラスの意見を伸ばすのは難しいけれど、マイナスの意見を改善することはすぐにできる。しゃべり方のクセや印象など、言われないとわからないことに気づけるかもしれないし、冷静に、客観的に見て、教えてくれるのが他人の評価なのだ。

　ネガティブな意見は上手くなるチャンス。そうとらえて、前向きに続けていくことで、回を重ねるたびに良くなり、上手くなっていくはずだ。伝えるという作業は、一方通行ではなく、相手がどう受け取るかだということを認識しよう。

　もうひとつの指標は、伝えた結果、人が動いたのか、あるいは目的が達成されたかどうか、ということだ。次の図の3つのグラフは、私が実際にプレゼンテーションのトレーニングをした企業や研究所、学習塾での成果をあらわしたものだ。

　プレゼンテーションのスキルは上達する。そして上達すれば、必ず結果がついてくる。そのプラスイメージを持って、前向きに日々の努力を積み重ねることが「伝える力」を上達させる秘訣だ。

プレゼンテーションの効果は必ずある ①

- 大手損害保険会社の全国展開の金融商品
- 2014年にプレゼンテーション見直し、トレーニング
- 2015年の売り上げが対前年比 180%へ

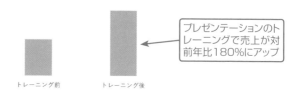

プレゼンテーションの効果は必ずある ②

- P研究所の寄付金額の推移
- 2016年よりコミュニケーションアドバイザー就任
- 2018年は過去最高の寄付金額を計上

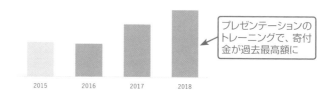

プレゼンテーションの効果は必ずある ③

- 名古屋の有名学習塾「S予備校」での冬期講習
- A・Bグループに分け、Bグループはプレゼン技術採用
- Bグループの方がより成績の向上が認められる

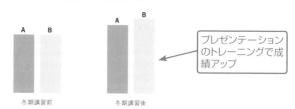

CHAPTER 4

エバンジェリストに
必要なスキル
①専門知識

専門知識がないと、いいプレゼンはできない

エバンジェリストとして、魅力を伝えることを仕事にするなら、まずはその分野について徹底的に学び、経験し、誰にも負けない専門知識をインプットする必要がある。

私の場合は、IT系のエバンジェリストになる前に、プログラマー、SE、プリセールスエンジニア…とIT業界の現場で実務経験を積んだ。エバンジェリストになってからも、常に最新情報を収集して、トレンドを分析し、さまざまな機材を実際に使って、その体験をインプットするという努力をずっと続けている。

このCHAPTERでは、エバンジェリストに必要な専門知識のインプットについて、「基礎知識」、「最新情報とトレンド」、「体験」、「情報管理」の4つに分けて解説する。

🔖 基礎知識

エバンジェリストとして仕事をするなら、その分野の基礎的な知識はすべて、完璧に、頭に入れておくべきだ。というより、知っていて当然、知らないと恥ずかしい、最低限の基礎知識だ。

私はIT系のキャリアをエンジニアからスタートさせたから、その現場経験の中で基礎知識とスキルを身につけた。これらは今でも私の知識のベースになっているし、エンジニアの気持ちも、立場も、現場の雰囲気もよくわかる。優秀なエバンジェリストは、優秀なエンジニアでもある。これは、私以外のエバンジェリストにも共通することだ。

では、現場経験がない場合は、どうやって基礎知識を習得すればいいのだろうか?

たとえば、専門学校に行く、専門書や専門誌を読む、情報番組やDVDを観て学ぶ、経験者や関係者から話を聞く、弟子入りする(今はアシスタントにつくと言う方がわかりやすいかもしれない)など、その分野のスペシャリストや先駆者から学ぶことは、最も確実で、最短の道だ。

先駆者がいない場合や、学ぶ現場もない場合は、独学で学ぶしかない。参

SECTION-21 ● 専門知識がないと、いいプレゼンはできない

考になりそうな、関連する書籍や文献があれば、かたっぱしから読んで研究するのもいいだろう。今はネットで検索すれば、あらゆる情報が手に入る。

　たとえば、ウェブ上の百科事典、ウィキペディア、専門サイトなどを検索してみるのもひとつの手だ。ただし、ウェブ上には、いい加減な情報や、まちがった情報もたくさん混同している。それを鵜呑みにして、まちがった認識をして、まちがった情報を人に伝えてしまったら、エバンジェリストとして失格だ。いや、社会人としても、人としても問題ありだ。

　何万件、何十万件の情報の中から、正しい情報を見極めるコツは、これからネット社会を生きるすべての人に知ってほしいと思う。

　私はネット検索をするとき、その情報を誰が発信しているかを必ず確認する。たとえば、政府や省庁、自治体のオフィシャルサイトに書かれていることは、何らかの根拠や裏取りがされているので、信用できる（ハッキングされているとか、フィッシング詐欺の偽ページでなければ）。公営の病院、図書館、市民会館などの公共施設や公共交通機関も信用できる。

　民間でも、大手企業や信頼できる会社のオフィシャルサイトは、その企業が責任を持って公開している情報だから、ある程度は信用できる（たまにまちがっていることもあるが）。個人のブログやサイトでも、信頼できる人が自分の言葉で書いているものは信用する。

　要は、誰が責任を持ち、誰が発している情報なのかを確認することが重要なのだ。民間の、よく知らない人や企業が書いている情報はまず信用しないし、口コミや掲示板の書き込み、SNSを鵜呑みにすることはない。YouTubeも、信頼できる人のチャンネルや、自分の目で見て、正しいとわかることは情報として取り入れるが、他人の噂や伝聞、推測、ゴシップ、出どころがあいまいな情報は信じない。加えて、できるだけたくさんの信頼できるサイトを見て、情報の種類を増やすことも大切だ。

　ではウィキペディアはどうだろう？　ウィキペディアは「信頼されるフリーなオンライン百科事典を、共同作業で創り上げることを目的とするプロジェクト」である。これはつまり、「誰でも閲覧、投稿できるものだから、内容が正しいかどうかは知りません。でもご参考までにどうぞ。」という意味だ。

　実際、ウィキペディアのサイトには、免責事項として、「全ての文章、画像、

4
エバンジェリストに必要なスキル　①専門知識

音声情報について、内容の合法性、正確性、安全性等、あらゆる点において保証しません」と明記されている。ただ、ウィキペディアは今やとても有名な、多くの人が見るツールで、役に立つ情報もたくさん書かれている。だから私は、調べ物をするときはウィキペディアも情報源のひとつとして参考にする。もちろん内容を精査して、確証が得られないことは裏取りをするし、裏が取れないことは情報としてインプットしない。

　ネットには情報がたくさんありすぎて、どれがオフィシャルで、誰が発信しているのか、わかりづらいサイトも多い。そんなときは、サイトのアドレスを確認することをおすすめしたい。

　たとえば、政府や省庁のサイトには必ず「go.jp」が入る。首相官邸ホームページは「www.kantei.go.jp」、厚生労働省は「www.mhlw.go.jp」、という具合だ。自治体のページは「www.」の後に「city」が入る。東京都港区公式ホームページは「www.city.minato.tokyo.jp」だ。

　大企業は、社名の後に「co.jp」や「.com」がつくことが多い。資生堂は「https://www.shiseido.co.jp/」、Amazonジャパンは「https://www.amazon.co.jp/」、日本マイクロソフトは「https://www.microsoft.com/ja-jp」、アップルは「https://www.apple.com/jp/」。

　アドレスを確認しながらサイトを見るようにすれば、オフィシャルサイトか、そうでないサイトか、簡単に判別できる。中には紛らわしいアドレスもあるが、偽サイトのフィッシング詐欺に引っかかるリスクも減るだろう（よほど高度で悪質なものでなければ）。

　ただし、ネットで得られる情報は、誰でも手に入る、誰もが知っている情報だ。ベースとして、人並みに、専門領域を網羅する必要はあると思うが、それは人がほしがる魅力的な情報ではない。やはり、エバンジェリストとして人の心を動かしたいなら、基礎知識プラス、他人とはちがう、他人が持ち合わせていない情報もインプットするべきだ。

📖最新情報とトレンド

　IT業界はめまぐるしく進化し続けている。私がエンジニアとして現場にいた頃にはなかった技術がたくさん生まれ、淘汰されてなくなったものや、変化したものもたくさんある。エバンジェリストとしてIT系を語るなら、常に最新情

報を入手し、トレンドを把握しておくことは必須だ。

　私はマイクロソフトの業務執行役員だから、自社製品やサービスについては、人よりも早く情報を集めることができ、開発担当者や営業担当者から詳しく話を聞くこともできる。もちろんそれだけでは不十分で、競合他社のサイトは週に1回はチェックをするし、勉強会や展示会、交流会など、有益な情報が収集できる場があれば、できるだけ参加し、業界の動向をリサーチする。

　最先端のテクノロジーの情報を聞いて、自分なりに理解し、インプットすることができるのは、ベースにエンジニアとしての基礎知識があるからにほかならない。基礎があればアップデートは簡単だ。わからないことは調べたり、人に聞いたりして、どんな質問でも答えられるように勉強している。
　集めるのはIT業界の情報だけではない。国内外の政治や経済、事件、事故、スポーツ、エンタメ情報を広く、浅く、雑多に収集して、世の中で今何が起きているのか、人々がどんなことに関心を持ち、どんなことに困っているのか、常にアンテナを張っている。これらを敏感に感じ取ることは、必ずビジネスのヒントになり、取引先との商談やコミュニケーションの場でも役に立つだろう。

　よく自分の興味のあるニュースしか見ない、世の中の動向や流行には興味がないという人がいるが、私は自分に関係なさそうな分野でも、自分の顧客ではない年齢層の話題でも、一般常識レベルで世の中のことを広く知っておくべきだと思う。世間を知らなければ、世の中を動かす発想は生まれないし、トレンドを知らなければ、ブームはつくれない。人によろこばれ、求められる仕事や、人を幸せにする仕事はできないと思うからだ。
　情報収集の手段はいろいろあるが、私がいつもやっている方法を例として紹介しよう。
　まず、新聞2紙とテレビのニュースは毎日必ず見る。最近は新聞を取らない人、テレビを見ない人が増え、ニュースはネットで見るという人も多いだろう。ネットニュースは自分に興味のあることだけを見てしまう傾向があり、情報が偏るというリスクがある。SNSも友達やフォローしている人、好きな人の情報しか目に入らないという意味で同じである。その点、新聞やテレビは、興味のあるものも、ないものも、ひと通り目に入る。網羅性があるというところに価

値があるのだ。だから私は、新聞とテレビで幅広くニュースを網羅しつつ、スマートニュースやLINEニュースなどのネットニュースサイトで好きなジャンルをより詳しく見る。

　情報収集における最大のポイントは、1つの情報ソースに頼らないことだ。同じニュースでも、メディアによって伝え方がちがうし、切り口も、着眼点も、情報量もちがう。ニュースキャスターやコメンテーター、記者、ライターの解釈や感想もちがう。だから私は、いろいろなメディアから情報を入手する。1つのメディアでは知り得なかった側面が見えることもあるし、より詳しく事実がわかることもある。何より、どんな伝え方をするのかを見ることが、エバンジェリストとしてかなり勉強になるのだ。

　伝えるのが上手い人のテクニックや心をつかむコメントは参考になるし、下手なコメントや聞きづらい話し方、口癖が目についたら、こういうことに気をつけてしゃべろうと思う。事実は同じでも、伝え方次第で、こんなにも印象が変わるということを、実感できるはずだ。また、ほしい情報によって、入手先の優先順位を変えることも大切だ。メディアの特長を理解して、効率よく検索すれば、ほしい情報に早く、正確にたどりつく。

　たとえば、おいしい寿司が食べたいと思ったら、私はInstagramで検索をする。GoogleやYahoo!などの検索エンジンを使うと、食べログやぐるなび、店のオフィシャルサイトが出てくることが多いが、これらは店側から発信する情報が中心だ。ところがInstagramは、利用者側の意見や体験が中心で、口コミとしてはより信頼できる。しかも、Instagramは写真がメインだから、目で見て、具体的にイメージすることができるのも魅力だ。

　人が書いた文字による主観的な感想より、写真はよほど正確である。とくに料理や景色、温泉、絵画など、ビジュアルが深く関わることの検索には向いている。利用者数が多く、情報が多く集まっていることも評価に値する。

　逆に、行きたい店がすでに決まっていて、営業時間や定休日、空席状況や予約の電話番号を調べるなら、検索エンジンでオフィシャルサイトや食べログ、ぐるなびを探す方が早い。電車の遅延や交通情報、天気、災害など、文字だけでわかる情報をリアルタイムで調べるなら、Twitterが便利だし、目的によってメディアを変えると効率がいい。

　ほしい情報にたどりつくには、どんなワードで検索するのかも重要だ。たとえば、「刺身に合うおいしい醤油」が知りたいとしよう。Instagramで「醤油」と検索すると、34万件も出てきて、「醤油ラーメン」や「醤油おにぎり」、「醤油麹」など、ほしい情報とは関係ない投稿もたくさん出てくる。こういう場合は、もう少し具体的に「刺身醤油」と検索すると、1000件に絞り込めるし、「刺身に合う醤油」と検索すると100件になる。さらに「しょうゆ」、「ショウユ」、「soysauce」とひらがな、カタカナ、英語でも検索してみる。ほかにも「醤油派」、「醤油蔵」、「醤油店」、「醤油好き」など、いろいろなワードやその組み合わせで検索することで、より幅広く調べることができる。ひとつのワードの検索結果を詳しく見るより、いろいろなワードで検索して、いろいろな角度から探すのがポイントだ。

　また、タグを検索したときに、掲載順位の「トップ」と「最近」が選べる。トレンドを知りたいなら「最近」をクリックして、新しい投稿を見るのがおすすめだ。

　私は気になる写真や投稿があったら、投稿者のプロフィールも見る。調味料や料理に詳しい人の投稿なら、より信頼できるし、食の好みや感性が合いそうな人がすすめていたら、買ってみたいと思うかもしれない。Instagramは一般の知らない人の投稿が多いから、仕事で使うような重要情報の根拠にはならないが、世の中のトレンドや口コミの参考にするなら、とても役に立つ。

　これは、裏を返せば、Instagramに投稿するときのタグのつけ方の参考になる。検索機能を使いこなせば、どんなふうにタグをつければ、より多くの人に見てもらえるかがわかるし、どんな写真や投稿をすれば「いいね」やフォロワーを増やすことができるか分析できるだろう。

　このように、どこでどう検索するかによって、得られる情報がちがうことを理解し、上手く活用することが大切だ。今はInstagramの利用者が多く、投稿数が多いから、Instagramでの検索が有効だが、時代が変われば、新しいメディアが出てくるかもしれないし、検索方法も変わる。大切なのは、トレンドを把握し、賢く利用することだ。

📖体験

　前述の「基礎知識」、「最新情報とトレンド」をインプットすれば、自社商品やサービスの魅力を熱く語ることはできるだろう。でもそれは、営業や広報にもできるし、カタログやホームページを見ればだいたいわかることだ。もちろん、

それは知っていて当たり前の知識だから、最低限頭に入れておく必要があるが、それだけではエバンジェリストとは言えない。

　人々が求めているのは、他人が持ち合わせていない、明らかに他人とはちがう、有益な情報だ。人が知らないことをどれだけ知っているか、相手が知りたいと思っている情報をどれだけ効率よく提供できるか、ということが、エバンジェリストの価値を決めるといってもいい。その価値ある情報づくりに欠かせないのが「体験」である。

　そもそも、知識と経験はぜんぜんちがう。いくら知識があっても、経験値がなければ説得力がないし、経験している人としていない人では、知識の量も質もちがう。だから私は、インプットの中でもとくに「体験すること」をとても大事にしている。経験に基づいた知識やノウハウこそが、人々が求める価値ある情報だと思うからだ。

　たとえば、コーヒーのエバンジェリストが、コーヒー豆の産地や育て方、土づくりにも詳しく、コーヒー農園に出向いて生産者から話しを聞き、豆の熟成や焙煎などを研究して、おいしいコーヒーの淹れ方を徹底的に勉強していたとしよう。いくら知識やノウハウがあっても、その人がコーヒーを飲んだことがなければ、一気に説得力がなくなる。

　自分で淹れたこだわりのコーヒーは飲むけど、他人が淹れたコーヒーを飲んだことがない人も信用できない。実家が喫茶店で、そこでしかコーヒーを飲んだことがない人も同じだ。エバンジェリストとしてコーヒーを語るなら、高級店のコーヒーも、こだわりの専門店のコーヒーも、ファーストフード店のコーヒーも飲んでみるべきだ。実際に飲まないことには、そのちがいを語ることはできない。自分で淹れる場合でも、あらゆる豆を試して、高い豆と安い豆のちがいや、産地によるちがい、焙煎方法や淹れ方によるちがいを試してみるべきだし、インスタントコーヒーや缶コーヒーとのちがいも体験するべきだろう。

　他人がそう簡単にはできない体験を積み重ね、ちがいや魅力を語れるからこそ、説得力が出る。だから人は、「その人からコーヒーの話を聞いてみたい」、「その人が淹れたコーヒーを飲んでみたい」と思うのだ。

さまざまな体験をして
失敗することが大事

　私はインプットの中でもとくに「体験」を大事にしているが、ここで言う体験とは、成功体験のことだけではない。失敗をしたことも、苦労したことも、何度も試行錯誤を繰り返したことも、すべてが体験として役に立つ。むしろ、失敗体験があるからこそ、成功体験により価値が出ると言ってもいいだろう。

　失敗と成功を体験すれば、より詳しく成功の秘訣が語れるし、相手が失敗しないようにアドバイスをすることも、失敗したときのリカバリーもできる。

　失敗ばかりで一度も成功したことがないのは問題だが、たくさんの失敗と1つの成功体験は、一発で成功した人よりも強い。どんな体験も、それをどう活かし、どう役立てるかで、すべてがプラスに変わるのだ。だから私は、時間とお金が許す限り、できるだけたくさんの体験をするように心がけている。

　たとえば、包丁の実演販売をするなら、まず包丁の基礎知識は必須だ。その包丁がどんな素材で、どんなふうにつくられていて、工場はどこにあって、どんな職人がつくっているのか、なぜこの包丁がよく切れるのかを、詳しく知る必要がある。

　でもそれを学んで、熱く語ったところで、包丁は売れない。なぜなら、世の中にはよく切れる良い包丁がたくさんあるからだ。1本何万円もする高価なものから、100円ショップの1本100円の包丁まで、値段もピンキリだし、100円の包丁でも、切れることには変わりない。

　しかも、「この包丁はよく切れますよ」とアピールしても、切れ味は数値化できるものではないし、「よく切れる」はあくまでも主観。抽象的であいまいな表現でしかない。どんな包丁にも、「よく切れる包丁」というキャッチコピーがついているのだから、よく切れることを一生懸命アピールしても、ユーザーはピンとこないのだ。

　では、ユーザーが知りたいのはどんな情報だろうか？　ポイントは2つある。

　1つ目は、なぜ切れ味のいい包丁が必要なのか、切れ味のいい包丁があると、どんな体験（ソリューション）ができるのか、ということだ。そもそも包丁を1本も持っていない人は少ないわけで（これから1人暮らしをはじめる学生や、

4

エバンジェリストに必要なスキル　①専門知識

単身赴任で料理経験ゼロの中高年くらいだろう)、みんな家庭に何本か包丁はある。ユーザーが今使っている包丁に満足していたら、そもそも包丁の実演販売には見向きもしない。

そこで役に立つのが次のような失敗体験だ。

> 「切れない包丁で完熟トマトを切って、つぶれてしまったことはありませんか?」
> 「鶏肉の皮が切れなくて、イライラしたことありませんか?」
> 「サンドイッチを切ったら、ずれて崩れてしまったことはありませんか?」
> 「かぼちゃを切ろうとしたら、硬くてケガしそうになったことはありませんか?」

包丁が切れないと、こんなふうに失敗をしますよね、ストレスありますよね、という失敗体験を語ると、誰もが1つや2つ、共感できるものがあるはずだ。「あるある!それって仕方がないことだと思っていたけど、解決できるの?!」と興味を示してくれたら、話を聞いてもらえるチャンスだ。

こういうトークをするためには、切れない包丁を使って、イライラやストレスを実際に体験する必要がある。いろいろなものを切って、切れない包丁はどんな食材が切りにくいのか、切れないとどんなふうに失敗するのかを体験するから、具体的に説明できる。そのあと、切れる包丁を使うと、切れ味のちがいがもっとよくわかる。

切れ味のいい包丁で切ると、完熟トマトがスパッと切れてつぶれないし、鶏肉の皮もスーッと一発で切れるから、まな板の上でギコギコと皮を切らなくてもいいし、まな板に余計なキズがつかない。サンドイッチの断面もキレイだし、かぼちゃは力を入れなくてもスパッと気持ちよく切れる。切るときの音も、手の感触もちがうことに気がつくだろう。

切れる包丁を使うだけで、調理をするときに避けて通れない包丁仕事が格段に楽に、安全になり、ストレスが爽快感に変わるのが体験できる。

さらに料理の仕上がりも変わる。野菜や肉の断面の美しさがちがうし、味の染み方も食感も変わる。刺身の味のちがいにはきっと驚くだろう。スーパーで刺身の柵を買ってきて自分で切るのと、割烹や会席料理で出された刺身のちがいといったら伝わるだろうか。刺身の角がピンと立っていて、断面がまっすぐで美しく、舌触りがちがう。食感も、味もおいしい。とにかく料理の見た

目と味がぐっとよくなるのだ。

　切れ味のいい包丁を買うと、そういう体験ができる。それが「切れ味のいい包丁をぜひ買ってほしい」とおすすめする理由だ。

　このような説明は、よく切れる包丁しか使ったことがない、つまり成功体験しかない人にはできない。良い包丁も、悪い包丁もたくさん使って、いろいろな失敗を体験したからこそ生まれたアイデアであり、実感のこもった生の言葉である。人の心を動かすのはこういう言葉なのだ。体験を積み重ね、たくさんの知識と情報をインプットすることができれば、どんなふうにデモンストレーションすれば相手に伝わるのかも、わかるようになる。

　デモンストレーションで使う食材は、大根や人参のような、切れない包丁でも比較的切りやすい野菜では意味がない。トマトや鶏肉のように、ちがいがはっきりとわかる食材を、目の前でスパッと切って見せるから、驚きと感動を与えることができるのだ。普通サイズのサンドイッチをただ切るより、10段の極厚サンドイッチを切る方が、インパクトがあるし、切った断面が美しかったらより盛り上がる。お客さんに実際に切ってもらえば、もっと感動が伝わるだろう。こんなふうに、より魅力が伝わるデモンストレーションを考えるために、さまざまな体験をすることが大切だ。

4 エバンジェリストに必要なスキル　①専門知識

相手が本当に知りたい情報は
何かを考える

　でもまだ包丁は売れない。包丁を買ってもらうためには、もう1つクリアしないといけないことがあるからだ。

　切れ味のいい包丁が必要なことはわかったし、この包丁がよく切れるということも十分に伝わった。でも、私がユーザーならこう思う。「よく切れる包丁はほかにもあるかもしれない。だって今までそんなところに着目してこなかったから。ほかの包丁の切れ味を試したことがないし、比べたこともない。もしかしたら、今ここで買わなくても、もっと安くていい包丁があるかもしれない」と。

　つまり、この包丁がほかの包丁と比べて何がちがうのか、どこが優れているのか、数え切れないほどある包丁の中から、この包丁を選ぶ理由が説明できていないのだ。ユーザーは100円でも包丁が買える時代に、数千円、数万円のお金を出して、わざわざ高い包丁を買う意味があるのか知りたいのだ。価格に納得できる説明がなければ、商品は売れない。

　この疑問を解決するには、他社製品との比較、つまり安い包丁と高い包丁のちがいを説明しなければならない。包丁の価格と善し悪しは、おもに刃の材質（どんな素材を使っているか）と、刃付けの技術（加工にどれだけ技術や手間がかかっているか）で決まる。

　素材なら、鋼、ステンレス、セラミック、チタンなどがあり、それぞれに硬さや重さ、サビやすさがちがい、材料費もちがうし、鋼とステンレスを組み合わせてつくる包丁もある。刃付けの技術もさまざまだ。職人が1本1本手づくりで仕上げた包丁と、機械で大量生産された包丁では、コストも仕上がりもぜんぜんちがう。さらに、柄の部分が木か、金属か、一体成形か、デザインやブランドによっても価格は変わる。

　「この包丁は鋼とステンレスの3層構造で、鍛冶職人が900度に熱して打ち、冷まし、を何度も繰り返して極限まで硬度を高め、さらに研ぎ職人が荒研ぎ、中研ぎ、本刃付けをして、最高の切れ味に仕上げています」と言われると、高いお金を払う価値があることは伝わるだろう。

　ただし、これらはつくり手側から見た包丁の価値であり、買い手側の立場に立つと、まだ「買います!」とはならない。ユーザーが知りたいのは、安い包丁と高い包丁の、ユーザーにとっての使い勝手のちがいだ。

　包丁は、どんな安物でも、最初はよく切れる。100円の包丁でも、買ってすぐはそれなりに切れるものだ。ところが、安物はすぐに切れ味が悪くなる。硬い物を切るとすぐに刃こぼれする。シャープナーや砥石で研ぎ直しをすると、安物(硬度が低い包丁)はすぐに刃がボロボロになり、切れ味を復活させたり、持続させたりすることが難しくなる。

　研ぎ直しに耐えられるだけの硬度にするには、良い素材を使って、高度な技術で刃付けをする必要があるのだ。良い包丁とは、研ぎ澄まされた「抜群の切れ味」と、その切れ味が「長持ちすること」、切れ味が悪くなったら「研ぎ直しができること」だ。切れ味が長持ちすれば、研ぎ直しの頻度が少なくなり、刃もすり減らず、メンテナンスも楽になる。

　ユーザーにとっては、お手入れ(研ぎ直し)が簡単にできるかどうかも重要だ。プロ仕様の包丁に多く使われる鋼は、砥石でこまめに研ぎ直さなければならず、手入れを怠るとすぐにサビてしまう。研ぐ技術も必要で、料理人は包丁を研ぐだけで何年も修行をする。

　包丁を研ぐための砥石をならす砥石も必要だし、定期的なメンテナンスを専門店に頼めばお金もかかる。プロの料理人にはできても、忙しい主婦にそんな時間はないだろう。つまり、砥石で研がなければいけない鋼の包丁より、シャープナーでささっと研いで切れ味が復活するステンレスの包丁の方が、主婦には便利だ。

　さらにユーザーの立場に立てば、包丁の重さや、刃渡り、柄の太さ、握りやすさも重要だし、サビにくい方がいい。接合部分にカビが生えにくい一体成形も魅力的だ。いろいろな包丁を試した結果、こういうところがいちばん優れているから、この点がほかの包丁にはない良さだから、この包丁をぜひおすすめしたいと言えば説得力がある。

　こんなふうに、魅力的なプレゼンやデモをするためには、毎日包丁を使って、料理をして、さまざまな体験をすることと、使う人の気持ちになって考えることが大切なのだ。

4

エバンジェリストに必要なスキル ①専門知識

ユーザーと同じ体験をする

　私はプレゼンやデモを行うとき、その商品やサービスを必ず自分で買って体験する。マイクロソフトのエバンジェリストだから、自社製品は、会社に言えばサンプルが支給されるが、あえて自分でお金を払って買うことにこだわっている。

　エバンジェリストとして世の中に認められはじめると、ありがたいことに、いろいろなメーカーから商品がどんどん送られてくる。「ぜひこれを使ってほしい」、「感想を聞かせてほしい」、「よかったら人にすすめてほしい」と。もちろん受け取っても構わないのだが、私は自分で買う。

　なぜわざわざ買うのか？　それは、そうしないとユーザーと同じ体験ができないからだ。お金を払ったら、「こんなに払ったのに、機能はこれだけ？」とか、「今まで使ってきたサービスはどうなるの？」とか、価格や費用対効果について真剣に考える。自分で買ったものは、元を取ろうとして一生懸命使いこなすし、愛着がわいて大切に扱う。

　サービスなら、月末に請求書が届き、明細を見て、利用料を払うという体験ができるが、会社から無料で貸与されたデモ機やサービスでは、請求書は届かない。請求書という体験をするには、自分で買う必要があるのだ。

　もちろん、競合他社の商品も自腹で買う。最近では、テレワークやリモート会議、オンラインセミナー、動画配信の機会が増えたので、音質をよくするためのマイクは10個以上買ったし、カメラや照明などの機材もいろいろと買って試し、ちがいを語れるほど体験している。私はITのエバンジェリストなので、ITへの自己投資は当然だと思うし、実際、それがITを語る上でとても役に立っている。

　これは、ほかの業種でも言えることだ。レストランなら、お店に招待されて、特別なサービスを受けるより、自分で予約して、お金を払って食べに行く方が、ユーザーと同じ体験ができる。化粧品なら、試供品もいいが、実際に1本買って使い切れば、使用感や内容量、費用対効果についてもより詳しく体感できる。

　ただ、誤解してほしくないのは、絶対に買わないといけないとか、お金がないとエバンジェリストになれない、という話ではない。IT系の商品やサービスは、ポケットマネーで買える価格のものがたくさんあるが、中には高すぎて気軽に買えないものもあるだろう。そういう場合は、無理に買わなくても、買ったように体験する工夫をすればいい。

　たとえば、高級外車フェラーリの魅力を語るのに、フェラーリを自腹で買うのは難しい。でも、フェラーリを見に行くことはできるし、試乗して、エンジン音を聞き、座り心地や運転したときの感触を体験することはできる。カタログだけで、実物を見たことがない人とは大ちがいだ。

　高級マンションを販売するのに、マンションに住んだことがない人には、十分に魅力を語ることはできない。同じ部屋を買うことは無理でも、それに近い体験ができるマンションを買うとか、賃貸で住んでみるとか、ウィークリーマンションで1週間だけ暮らしてみるだけでも、住んだことがない人より、多くの魅力を語れるだろう。

　IT系に話を戻すと、マイクを10個買って比べることができない場合は、メーカーに問い合わせて、サンプル機を借りるという方法もある。知り合いで持っている人から借りてもいいし、家電量販店の体験コーナーで体験するのも手だ。YouTubeを検索すれば、マイクによる音質のちがいを解説する動画があるから、それを見るだけでも音のちがいは体験できる。お金をかけなくても、体験する方法はいくらでもあるのだ。

　要は、体験したか、していないか、である。それがエバンジェリストとして、成功するか、しないかに大いに関係する。私は負けず嫌いだから、エバンジェリストとして活動するなら、ほかの人には絶対に負けたくない。勝てるか、勝てないか、ということを考えたら、お金を払ってでも、よりユーザーに近い体験を買い、誰にも負けないインプットをしたい。

4

エバンジェリストに必要なスキル　①専門知識

元を取るという発想がナンセンス

「西脇さんはデモのためにたくさん機材を買って、元が取れるんですか?」、「講演料より経費の方が高くつくのでは?」とよく聞かれる。

確かに、1回の講演料で考えると、経費を引いたらマイナスになることもあるが、そもそも、講演料で元を取るという発想自体がナンセンスだ。

私が買っているのは、たった1回の講演のための機材ではなく、これから先、永久に役立つ体験のひとつであり、積み重ねる知識の一部だ。ITが大好きで、興味があり、もっとよく知りたいから買っているのだ。元が取れるか、取れないかではなく、好きか、好きじゃないか、である。

私の座右の銘は、「好きこそ物の上手なれ」だ。どんなことでも、人は好きなものに対して熱心に努力するから、自然に上達する、という意味のことわざである。

私がエバンジェリストになったのは、ITが好きで、「伝えたい」、「広めたい」と思ったからで、好きで熱中した結果、エバンジェリストになった。エバンジェリストになりたくてITを勉強したのではない。

もし、エバンジェリストになるためにITを勉強していたら、こんなに興味や情熱を持てなかったと思うし、ここまで詳しく語ることはできなかっただろう。IT機器に投資をするのは、仕事のためでも、儲けるためでもなく、ITが好きで、使ってみたいからだ。だから、結果的に仕事にならなかったとしても、後悔はないし、時間とお金がムダになったとはまったく思わない。これは私の持論だが、金儲けのためにやろうとすると、何か大切なことを忘れてしまうと思う。

結果的に、ITに関しては、好きなことが仕事になり、元を取るどころか、生計を立てられるようになったのだから、私にとっては幸せなことだ。

好きなものが仕事になった瞬間

　私はドローンのエバンジェリストとしても活動しているが、それも、きっかけはドローンが好きだったからである。あの、宙に舞うドローンの姿や、ドローンから見た景色が大好きで、感動して、回収できるかなんて考えずにドローンをたくさん買い、600万円近い投資をした。好きだから研究して、誰よりも詳しくなって、結果、ドローンの専門家として、それ以上のお金を稼いだ。

　でも、たとえ仕事にならなかったとしても、好きで費やした時間とお金に後悔はない。大好きなドローンを楽しんだことへの対価だからだ。

　趣味ではじめたドローンが、「これは仕事になるかもしれない」と思った瞬間があった。私は東日本大震災のときに、ボランティアとして何度も現地に行っていた。町が復旧していく様子をドローンで撮影して（仕事ではなく趣味で）、地元の人たちに見せたときに、「ありがとう」、「自分たちの町を天空から見たことがなかったから、感動した」と大変よろこばれた。自己満足だった趣味が、人をよろこばせるものになり、謝礼もいただき、とてもうれしかった。人から感謝されることは、お金になるのだ。

　その後、仙台市からの依頼で、ドローンを災害時に活用するためのサポートをしている。今ではドローンは救助活動や復旧作業に欠かせない存在だ。東日本大震災のときにそれができていたら、もっと多くの人を救えたかもしれないと悔やまれるが、これからの災害では、ドローンが活躍し、きっと多くの人の命を救うだろう。

　御朱印のエバンジェリストのときもそうだった。御朱印を集めるのが好きで、趣味で集めているうちに、誰よりも詳しくなって、御朱印エバンジェリストとして、TBSの番組MCの依頼がきた。

　神社に御朱印を取りに行くシーンをドローンで撮影していたが、あるとき、風が強くてドローンが飛ばせない日があった。私はすでにドローンの専門家で、そういうときの対処法を知っていたから、私のドローンで撮影することになり、その映像はそのままテレビで流れた。

　このように、専門知識や経験は思わぬところで役に立ち、本当にムダになら

ないと思う。「御朱印×ドローン」の化学反応が、予期せぬところで相乗効果をもたらしたのだ。今はまさに、「IT×ドローン」がそれにあたる。すでにドローンは本業のIT分野でも大いに役に立っているし、これから先、もっと役に立つだろう。私の専門分野であるITにドローンが加わったことで、ITの可能性がさらに無限に広がったのだ。

私のもうひとつの座右の銘は、「私利私欲」だ。自分の利益を第一に考え、それを満たそうとする気持ちを意味する言葉である。一般的には、あまり良い意味で使われない言葉だが、私はこの言葉が好きだ。自分のために勉強し、楽しみ、熱中することは、エバンジェリストへの情熱の第一歩だと思う。誰にも迷惑をかけないのなら、大いに私利私欲に走るべきだ。

🔷 すべてが仕事になるわけではない

ここまでの話で、私が目をつけたものはすべて仕事になり、結果的にお金を回収したと思われているかもしれないが、決してそんなことはない。確かに、負けず嫌いで凝り性な私は、やるならとことん突き詰めるタイプではある。しかし紹介しているのが成功事例だけで、仕事にならなかった趣味はたくさんある。

ミュージシャンのゆずさんやコブクロさんが好きで、ギターをはじめたことがあった。高いギターを買い、プロに教わって熱中したが、これは仕事にはならなかった。理由は、ギターの才能とセンスがなかったからだ（笑）

ギターへの情熱はあったが、プロのギタリストや、ギターの素晴らしさを語れる人はすでにたくさんいて、私がいちばんになれる分野ではなかった。もちろん、ギターに夢中になった時間はとても楽しかったし、今でも大好きな趣味のひとつだ。

ネコも大好きだ。ネコを飼っていたこともあり、何度もキャットショーに足を運び、ネコを見れば種類がわかるほど、ネコに詳しい。スマホケースをネコにするほどのネコ好きだ。

そんな私が今、取り組んでいるのは、保護ネコ活動だ。飼い主の病気や死亡、引っ越しなどの事情によって捨てられたネコたちの殺処分を減らすため

に、ネコを保護して里親を探す活動である。東日本大震災のときには、避難所のネコたちを東京へ運んで保護するボランティアもしていた。

　ネコが好きで、ネコを救いたい、現状を伝えたい、協力者を増やしたい、という気持ちで活動を続けているが、残念ながらこれはお金にはならない。そもそもネコを捨てる人たちはお金を払わないし、里親になってくれる人からお金をもらうわけにもいかない。ネコが「助けてくれてありがとう」といってお金を払うわけではないのだから、運営費が足りないのは明らかだ。保護ネコ活動で大金持ちになった人がいないことからもわかる。それでも、私はこれからも活動を続けるだろう。お金のためにやっていることではないからだ。

　保護ネコ活動をするようになって、お金儲けだけがゴールではないことを痛感する。お金にならなくても、やらなければいけないことが、世の中にはたくさんあると思う。私にとってのそれは、人間の都合で捨てられ、理不尽に命を奪われるネコを1匹でも多く救うことだ。

　好きなことを追求した結果、それが仕事になり、お金になればとても幸せだが、すべてが上手くいくとは限らない。でも、そこで得た知識や経験は、絶対にムダにはならないし、いつか、思わぬところで役に立ち、相乗効果を生み、「あー、あのとき勉強しておいて、よかった!」と思う瞬間がきっと来る。

　だから、好きなことにはとことん夢中になり、たくさんの知識と経験をインプットするべきだ。それを咀嚼して、魅力を伝え、広めるということを繰り返しながら、「伝える力」を磨いていけば、いつか、本当にその情報を必要としている人の心に届くだろう。

4 エバンジェリストに必要なスキル　①専門知識

情報管理は仕事のスキルの一環

　エバンジェリストにとって専門知識のインプットはとても大切だが、集めた情報をどう整理し、管理するかということは、もっと大切だ。いくら知識や情報をたくさん集めても、すぐに忘れてしまうようでは意味がないし、必要なときに、必要な情報が取り出せなければ、ないのと同じである。

　「情報管理は仕事のスキルの一環」。これはどんな分野、職種においても言えることだ。

🎁 情報管理の方法

　情報管理の方法は時代とともに進化している。昔はインターネットで調べて、ブックマークに入れて忘れないようにしていたが、それが「メモ帳」文化になり、大事なことはスマホやパソコンのメモ帳に書き込んでいた。

　今は、私はなんでもスマホで撮影する。紙の資料はスマホで撮ってから破棄するし、スマホの画面はスクリーンショットで記録する。パソコンの画面も、買ったものも、食べたものも、忘れたくないことや景色はすべてスマホで撮り、画像で保存している。

　なぜスマホで撮るのかというと、紙の資料やメモはすぐに紛失してしまい、必要なときに探し出すのが大変だからだ。それに対して、スマホの写真は1つのフォルダの中にすべて入っているから、紛失することがない。しかも写真なら、見ればすぐに記憶がよみがえり、詳細に思い出せる。手書きのメモやノートと比べると圧倒的に情報量が多いのもメリットだ。

　写真で保存できない情報もある。たとえば、アイデアがひらめいたとき、素敵な言葉に出会ったとき、仕事やプライベートでインスピレーションを得たとき、買い物リストやToDoリスト（やることリスト）など、忘れたくない言葉やアイデアはたくさんある。これらは物体がないのだから、写真で撮ることはできない。そんなとき私は、スマホ（私の場合はiPhone）のメモ帳に音声で入力し、保存している。

　この「音声入力」というのがポイントだ。私がしゃべった言葉をAIが認識して、文字にしてくれるとても便利な機能である。普段から「Siri」や「Google

アシスタント」などの音声アシスタント機能をよく使っているので、スマホに話しかけるのは慣れているし、スマホも私の声をしっかり認識してくれていて、入力ミスはほとんど起こらない。音声入力なら、手動で打ち込むよりもはるかに速く、画面を見ずに操作でき、ほぼ正確に入力できる。仕事中でも、人と一緒でも、運転中でも、トイレの中でもメモが取れるのだから、タイミングを逃すこともない。私は思いついたことはすぐに、何でもメモ帳に保存している。そしてそのメモ帳はパソコンと同期していて、どのメディアからでも見ることができる。

　写真とメモ帳、この2つの機能があれば、書くという行為はもう必要ない。たいていのことは、このどちらかで記録することができるのだ。

●記録データは日付で管理

　写真とメモ帳で記録することの最大の魅力は、すべて日付で管理できるところにある。もちろん、キーワード検索もできる。もしキーワードで検索できない写真があっても、ほとんどの情報が日付や時期に紐づけて記憶されているから、日付順に並んでいれば、すぐに必要な情報を取り出せるのだ。Instagramも、Facebookも、Twitterも、すべて日付で検索できるし、日付は人に聞くことができる。

　たとえば、「西脇さん、この前おいしそうなウナギを食べていたけど、あれはどこのお店?」と聞かれたら、「いつ頃でしたっけ?」と返す。「確か半年くらい前」と言われれば、半年前の写真を探せばたいてい発見できる。「夏の暑い時期だった」と言われたら、7〜9月の写真を探せばいいし、「そういえば、その後花見をした」とか、「窓から見える紅葉がキレイだった」という記憶があれば、季節がわかる。暑かった、寒かった、半袖だった、コートを着ていた、大雨だった、お祭りがあったなど、気候や天気、服装、季節行事などの記憶があれば、なんとなく時期が特定でき、そこから写真やメモを探すことができるのだ。

　セミナー会場で撮った写真を探したいと思ったら、セミナーに関わった人に、「あのセミナーっていつだっけ?」と聞けば、「○月○日だったよ」とか、「○月のはじめだったよ」と時期を特定することができる。10年くらい前の資料でも、暑かったという記憶がうっすらでもあれば、8年前から12年前くらいの夏の写真を順番に見ていけば、ただ探すよりも効率的に発見できる。

　これは四季のある日本だからできる情報管理かもしれないが、せっかく日

本に住んでいるのだから、活用しない手はない。

　私はパソコンの中のデータも、同じようにすべて日付で管理している。WordやExcel、PowerPoint、PDFなどの資料は、ファイル名の頭に日付を入れ、その後にファイルの中身がわかる名前をつける。こうしておけば、ファイル名を見ただけで、いつ作った何の資料かが一目瞭然だ。

　しかも、頭に日付を入れると、自然とファイルが日付順に並んで探しやすい。それを案件ごとにフォルダに入れて、関連資料をひとまとめにしておけば、ほしい情報はすぐに見つかる。

　この「日付順に管理する」という方法は、私の整理術の基本だ。洋服は買った順に並べているから、古くなったものから順に捨てられる。資料も、日付順に整理していれば、古くなって不要になったものから順に捨てられる。

　私は紙の資料はすべて電子化して、保存しているから、捨てるという作業は必要ないが、仕事上、資料を保管する必要がある人にはおすすめの方法だ。

　情報管理にはいろいろな方法がある。どれが正しいということではなく、自分にとってやりやすい方法を考えればいい。要は、大事なことを忘れずに記録し、必要なときに、必要な情報がすぐに取り出せること。それができるなら、どんな方法でも構わない。

4

エバンジェリストに必要なスキル　①専門知識

バックアップは当たり前

　なくなったら困る大切なデータをどうやって保管するか？　これはエバンジェリストに限らず、どんな人にも共通するテーマだ。パソコンに入れて保存するだけではダメだということは、もはやみんな知っているだろう。

　昔はフロッピーディスクやCD、DVD、USBメモリ、外付けハードディスクドライブなどに保存していた。これらの記録媒体は、いちいちバックアップをとるのが面倒で、つい更新頻度が少なくなる。そういうときに限って、パソコンが壊れてデータが飛ぶ（笑）。

　しかもそれ自体がよく壊れたり、ちょっと落としただけで傷ついたりして、使えなくなることもあった。いざというときに、大事なデータが取り出せないというトラブルを何度となく耳にしたものだ。

🔲 クラウドサービスの活用

　今はクラウドが主流である。クラウドとは、ネットを使ってウェブ上にデータを保存するサービスだ。パソコンでデータを編集したら、すぐにクラウド上でも反映され、いちいちバックアップをとるという作業がもう必要ない。しかも、どのパソコン、スマホ、タブレットからもアクセスでき、最新データをすべてのメディアで同期させ、いつでも、どこでも取り出せるからとても便利だ。先述のスマホで撮った写真も、メモ帳も、もちろん同期していて、スマホから音声で入力し、それをパソコンで編集する、ということも可能である。

　クラウドに保存したデータが消えたり、アクセスできなったり、というトラブルはないのかと不安になる人もいるだろう。クラウドサービス自体が常にバックアップをとっているからその心配はない。私はITのエバンジェリストとして、いろいろな会社のクラウドサービスを体験したいから、複数社と契約しているが、バックアップが目的なら、契約は1社で十分だ。

　その会社がつぶれるということがない限り、データは守られ、サービスは存続する。もしこれからクラウドをはじめるなら、マイクロソフトのワンドライブのように、つぶれる心配のない会社のサービスを選べば安心だ。

　ちなみに私は、IT系の仕事をはじめて、1996年以降の資料やメールはす

べて保存し、きちんと整理・管理している。「あの資料、どこだっけ?」とか、「あの写真はどこに保存したっけ?」とか、「どこかにあるはずだけど、場所がわからない」など、資料をなくして困ったことは一度もない。

📦 リスクヘッジは絶対に必要

大事な資料や画像データのバックアップは今や当たり前のことだが、もしそれをしていない人がいたら、とても危険だ。スマホもパソコンも精密機械であり、予期せぬときに壊れる可能性は常にある。誤って落としてしまえば壊れるし、どこかに置き忘れて紛失するかもしれない。昔はよく携帯をトイレに落として水没させたものだ。過失がなくても、突然不具合をおこして、使えなくなることもある。そんなときに、バックアップがなければ本当に困る。そもそも、スマホやパソコンはそう簡単に壊れないと思ったら大まちがいだ。

私の友人は買って半年のスマホが突然壊れ（不良品だった）、すぐに新品に交換してもらったが、仕事で使う写真やメモがすべて消えて、上司に大目玉をくらった。飛行機のチケットをいつもスマホに入れてチケットレスにしている友人は、出張先でスマホが壊れて飛行機に乗れなくなり、5万円のチケットを泣く泣く自腹で購入した。おサイフケータイとモバイルスイカで、財布を持ち歩く習慣がなかった友人は、スマホが壊れて、電車もバスも乗れなくなり、取引先でお金を借りて家に帰った。

そんな失敗談は山のようにある。そう頻繁に壊れるものではないが、壊れる可能性がゼロではないと思って使うべきである。

「いざとなったら、データを復元すればいい」と考えている人がいるかもしれないが、これはあまり現実的ではない。復元にはかなりのお金と時間がかかるし、どんなにお金を払っても復元できないこともある。

なくしてからあわてるくらいなら、普段からバックアップをとる方が現実的だろう。

「資料をなくしたから、もう一度送ってください」と人に頼むのは、相手に迷惑がかかるし、「データが飛んで納期に間に合いません」というのはプロとして失格だ。二度と撮れない貴重な写真もたくさんある。仕事をする上で、バックアップをとることは、基本中の基本である。

私の場合は、すべてクラウドに保存しているから、スマホをなくしても、パソ

コンが壊れても、データが消えてなくなることはない。さらに、何があっても大丈夫、という安心感が得られるのだから、リスクヘッジは絶対にやるべきだ。

　私はクラウドのおかげで、データ紛失のリスクはなくなったが、スマホを家に忘れたり、出先でなくしたり、壊れたりするリスクはある。今の時代、スマホがないと連絡がつかないだけでなく、仕事に支障をきたし、ビジネスチャンスを逃すことも多々あるだろう。スマホを忘れてあたふたするなんて、ITのプロフェッショナルである私にとって、あり得ないことだ。

　だから私は、そのリスクを回避するために、常にスマホとタブレットの2台持ちにしている。2台あれば、仮にどちらかが壊れても、2台が同時に壊れることはほとんどない（ゼロとは言わないが）。どちらかのバッテリーがなくなっても、どちらかは使えるし、必ずどちらかで仕事ができるからだ。

　そして、もうひとつ大切なことは、リスクヘッジをするなら、別々に持つことだ。2台ともかばんに入れていたら、そのかばんを忘れたら2台とも忘れてしまう。私の場合は、スマホはいつもポケットに入れ、タブレットはかばんの中に入れて持ち歩く。仮にどちらかがなくなっても、もう一方は必ず手元に残る。

　スマホに限らず、「リスクヘッジをする」ということは、仕事においても、日常生活においても、とても重要だ。トラブルや失敗を未然に防ぐという、ビジネスでは欠かせない危機管理である。さらに、なくしたらどうしようという不安から解放され、何があっても対応できるという自信が信頼を生む。

　私はITの専門家だから、ITテクノロジーを最大限に活用して、自分にできる最善の情報管理とリスクヘッジを実行している。

COLUMN　SEからプリセールスエンジニアへ

　1990年代初頭はメインフレームからオープンシステムにシフトした時代だった。IBM、日立、NEC、富士通などが自社でメインフレームと専用プログラムをつくっていたが、次第に「どこの会社の製品を入れても動くシステムにしたい」という声が高まり、メーカーを越えてつながり合う、互換性のあるシステム（オープンシステム）が開発された。これによって、コンピューターがネットワークでつながる時代へと突入した。

　その頃私は、SEからプリセールスエンジニアに進化していた。システムの一部を売る仕事から、システム全体を構築し、仕様書をまとめ、提案する仕事だ。これまでよりも大きな範囲を任されるようになり、できることが増え、仕事はますます楽しくなった。

　出世したかったわけではない。私の根底にあるのはプログラマーで、自分がつくったシステムの魅力やこだわりを自分で説明したいというのが最大の理由だった。どう伝えればいいか、当時必死で考えた経験が今につながっていると思うと、多忙すぎた日々も救われる思いだ。

CHAPTER 5

エバンジェリストに
必要なスキル
②準備・資料づくり

完璧な準備をしないと、いいプレゼンはできない

　専門知識と経験をインプットしたら、今度はそれを咀嚼して、アウトプットするための準備をしよう。プレゼンの質は準備にかかっていると言ってもいい。

　それには、インプットした情報を精査し、じっくりと考えてシナリオを練り上げ、必要な機材を準備し、見やすい資料をつくる、というプロセスが必要だ。時間をかければいいというものではないが、時間に余裕を持って、しっかりと準備をすれば、そのぶんいいプレゼンができる。伝えたいことを、より正確に、魅力的に伝えるためには、準備がとても重要なのだ。

　このCHAPTERでは、エバンジェリストに必要な準備について、「シナリオづくり」、「機材の準備」、「資料づくり」の3つに分けて解説する。

🔷 シナリオづくり

　専門知識を整理できたら、今度は具体的に、プレゼンテーションやデモンストレーションに向けての準備をはじめよう。

　準備の中で、私が最も大切にし、時間をかけているのがシナリオづくりだ。まず、誰に何を伝えたいのか？　伝えた結果、相手にどんなことをしてほしいのか？　「伝えたいこと」と「目的」を明確にするのが、シナリオづくりの第一歩だ。伝えたいことがたくさんある場合は、優先順位をつけ、いちばん伝えたいことが何かを整理してみよう。

　目的がはっきりしたら、今度はそのために、どういうことを、どんなふうに伝えれば、魅力が伝わるのか、相手に話を聞いてもらえるのかを考える。当然ながらそれは、いつ、どこで、どんな手段で伝えるのか、相手の人数や持ち時間などによってもちがってくる。

　たとえば、大きな会場でたくさんの人に向けて講演をするなら、資料を見やすく、説明をわかりやすくした方がいいし、少ない人数でピンポイントにプレゼンするときは、その人たちにフォーカスをあてた視点や話題を取り入れる。プレゼン時間が短いときは、要点をまとめて、コンパクトに伝える必要があるし、専門家の集まりなら、やや難しい、専門的な話をしても構わない

だろう。

　私は少人数のプレゼンもあれば、最高で2万人に向けてプレゼンをしたことがある。人数、会場規模、内容など、相手に合わせて毎回シナリオも資料も変えている。既製品の洋服をプレゼントするより、オーダーメイドでその人の体型や趣味に合った服をプレゼントする方がよろこばれるのと同じだ。

　ただし、その人の好みを知らなければ、どんなに高価な服を贈っても、気に入ってはもらえない。相手の気持ちになって、相手がほしいと思っている情報を、相手が興味を持つ魅力的な演出で伝えるためには、どうしたらいいのかを考えるのがシナリオづくりだ。これまでに集めた専門知識の中から、伝えるべきエッセンスを抽出して、どう見せるのが効果的かをじっくり考えよう。

　私はこのシナリオづくりという作業を、少なくとも1～2週間前からはじめている。SNSが盛んになり、多くの人が文字や画像、動画、音声などを駆使して見せ方を工夫するようになった今、伝え方はとても需要だし、聞く方の耳も肥えているのだ。

◆いいプレゼンに必要な準備

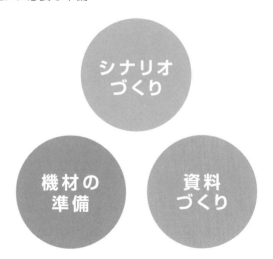

5

エバンジェリストに必要なスキル　②準備・資料づくり

起承転結にとらわれるな

シナリオの構成には、起承転結のストーリーが必要だと思っている人が多いが、実はそんなことはない。私たちは小学生の頃から学校で起承転結を習い、作文や読書感想文を書くときも、弁論大会でも、「起承転結を意識しろ」と言われたものだ。大学の論文でも、社会人になっても、「起承転結を入れろ」と指導され、文章には起承転結がなければいけないという、ある種の刷り込みのようなものがあるのかもしれない。

確かに、ドラマや映画、小説、漫画、コラムなどの読み物には起承転結があるし、起承転結のあるストーリーはおもしろい。起承転結は万国共通だ。

しかしながら、プレゼンは小説ではない。プレゼンの目的は、自分の話を相手に聞いてもらうことではなく、相手を動かすことである。つまり、ビジネスなら買ってもらうことが目的で、自分の作品を披露する場ではない。相手が小説を読むような起承転結を求めているわけではないのだ。

必要なのは、相手の心を動かす印象的な展開で、ときには起承転結があってもいいけれど、必ずしも起承転結を入れる必要はないということだ。

プレゼンに正解はない。これをやったら必ず相手が動くというセオリーもない。だから起承転結のあるプレゼンが、必ずしも成功するとは限らない。私の経験からいうと、起承転結のないプレゼンもたくさん成功させてきた。たとえば、最初に結論を話し、その後理詰めにしていくパターンもあるし、いろんな形があっていいと思う。

大切なのは、相手を動かすために、どんな順番で、何を伝えるべきなのかを、相手の気持ちになって考えることだ。

私がこれから伝えることは、シナリオづくりのコツやポイントだ。実際に使ったシナリオを例として見せることはできるが、それがどんなテーマにも共通する100点満点のシナリオではないし、ほかにも正解はたくさんある。どう組み立てるかは自由だ。どんなシナリオでも、結果、相手を動かすことができれば正解である。

サクセスストーリーを引き立てるホラーストーリー

プレゼンやデモをする際に、その商品がいかに素晴らしいかということを、熱く語ってしまうことがある。たとえば、「このマイクは本当に良いんですよ！音質がよくて、軽くて、使いやすくて、高性能で低価格・・・」と、サクセスストーリーをいくら並べても、相手の心には響かない。よっぽど今まさにマイクがほしいと思っていた人なら別だが、そうでない人に熱弁しても、「良いマイクだと思うけど、いらない！」と言われてしまうだろう。

でも「テレワークやオンラインでの会議が増えて、マイクの音質が悪くて困ったことはありませんか？　相手の声がよく聞き取れないときや、相手の音質が悪くてストレスを感じることってよくありますよね。それって、逆に自分の声がそんなふうに相手に聞こえていたらと思うとゾッとしませんか？　私は相手にストレスを与えるのがすごく嫌なので、そういうことは絶対に避けたいんです。音で良さを伝えるプレゼンだったら、商品の魅力も半減してしまいますよね。これからオンラインの商談やプレゼンはもっと増えるでしょう。音質の良いマイクがあるのと、ないのとでは、仕事の質も能率も変わるんです」と言われれば、それまでマイクに興味がなかった人も、「なるほど、音質の良いマイクって必要なんだ」と興味を持つ。これが「ホラーストーリー」だ。マイクの性能が低いとこんなに困るということを伝えることで、音質の良いマイクがあると、どれだけ便利で素晴らしいかということが伝わるのだ。

ほとんどの人は、音質の良いマイクにも、悪いマイクにも興味がない。不便が便利に変わる、その変化に興味を持つのだ。この手法を取り入れて大成功したのが、ライザップのテレビCMである。太っただらしない体の人が、たった数ヶ月で、引き締まった美しい体に変わる。ものすごいインパクトで、あっという間に話題になった。これがもし、スタイルのいいモデルやタレントが出てきて、その肉体を披露するだけのCMだったら（サクセスストーリーだけだったら）、ここまでのインパクトはなかっただろう。

視聴者が「スタイルがよくてうらやましい」と思うことはあっても、「自分もがんばれば、あんな体型になれるかもしれない」とは思わない。だから挑戦してみようとも思わない。でもホラーストーリーからサクセスストーリーを展開し

たことで、多くの人がその変化に驚き、「自分もやればできるかもしれない」と興味を持った。日本には、体型に悩み、変わりたいと思っている人がたくさんいて、そういう人たちの心を見事に鷲づかみにしたのだ。

CM効果で、ライザップには問い合わせや予約が殺到した。それで契約者が増えたのか、その人たちがちゃんとやせたかどうかは別として、ライザップという名前を広め、相手を動かすというCMの目的は果たした。ほかにも、この手法を使ったテレビCMをたくさん見かけるが、いちばんわかりやすいのはテレビショッピングだろう。

たとえば、掃除機の紹介なら、最初から販売商品の説明はしない。まず古い掃除機を使って困っている人が出てきて、絨毯にからまった髪の毛やペットの毛が取れない、吸引力が弱い、ホースが重くてつらい、コードがからまって動けなくなる、排気が臭い、階段の掃除が大変・・・これがホラーストーリーだ。

「そこでご紹介したいのが、強力な吸引力で軽量、コンパクトなコードレス掃除機・・・」と紹介がはじまる。フローリングの目地につまった粉塵を一瞬でキレイにしたり、ボーリング玉を持ち上げたり、さまざまな演出で掃除機の魅力を伝える。そして視聴者の心がぐらぐらと揺れてきたところで、「今回に限り、布団圧縮袋と専用ノズルもおつけします!」とたたみかける。

この「今回に限り」や「先着100名様に」、「今から30分以内にご注文いただくと」など、希少性をアピールすることも、今すぐに買わないといけないと思わせるとても有効な手法だ。さらに「吸引力が変わらない」や「お手入れが楽」、「耐久性がいいから永く使える」など、その商品ならではの魅力を上乗せしていけば、ユーザーはどんどん引き込まれていくだろう。

世の中にいい商品やサービスがあふれる今、「これがいいものである」と説明することは誰にでもできる。それでは人の心は動かない。だからこそ、一歩踏み込んで、「これで何ができるのか」、「どんな課題を解決できるのか」を説明する必要がある。なぜなら人は、困っていることが解決するなら、お金を払ってもいいと思っているからだ。つまり、課題解決はビジネスチャンスだ。世間の人がどんなことに困っているのか? どんな悩みがあるのか? どんなことに不便を感じているのか? 相手の課題を知り、その解決方法を提案することができれば、ビジネスが生まれる。

うわべだけの説明でなく、課題解決による変化を伝えられるようになれば、プレゼンやデモの成功率は飛躍的に上がるだろう。

プレゼンテーションの黄金比は3：7

　私はプレゼンの中で本題について話すのは、持ち時間の7割と決めている。残りの3割は、本題に入る前に、課題提起と解決方法の提案をする時間にあてるためだ。つまり冒頭で、前述のホラーストーリーとサクセスストーリーを使って、相手の興味をひきつけ、「このプレゼンを最後まで聞かなければいけない」と思わせることが大切なのだ。

　この絶妙な時間配分を「3：7の黄金比」と呼んでいる。

　プレゼンテーションというのは、必ず「逃げる人」がいる。逃げるというのは、「つまらないから寝よう」とか、「自分には関係なさそうだから、ちがうことをしよう」とか、「ヒマだからゲームをしよう」とか、「途中で帰ろう」という人たちのことだ。これは、大人数のセミナーなら、1～2割は必ずいる。ある意味、仕方がないことだが、できることならそういう人を減らしたい。

　しゃべっている途中に、寝る人がどんどん増えたり、隣の人とおしゃべりをはじめたり、退屈そうにしていたり、帰る人が増えたりすると、自分もヘコむし、会場の雰囲気が悪くなり、まじめに聞いている人にも伝染する。逃げる人が連鎖的に増えることは絶対に避けたい。

　なぜ逃げる人がいるのか？　それは、冒頭の課題提起が足りないからだ。なぜこの話を聞かなければいけないのか、なぜ自分はここにいるのか、それに納得していない人は、逃げていく。

　逃げる人を減らしたいなら、いきなり本題に入らず、まず冒頭の3割でしっかりと課題提起をして、このプレゼンを最後まで聞かなければいけない理由を明確に伝え、納得させることが重要だ。

　もちろん、相手がはじめから問題意識を持っている場合もある。そういうときは、3割よりも短めでも構わないが、リマインドは必ずする。問題意識を再確認して、合意形成をしてから本題に入ることで、より前向きに、より真剣に話を聞いてくれる。プレゼンで相手を動かすという本来の目的も、達成しやすくなるはずだ。

5

エバンジェリストに必要なスキル　②準備・資料づくり

83

最初と最後のシンメトリック

　シンメトリックとは、左右対称とか、対称的という意味の言葉である。ここで言うプレゼンにおけるシンメトリックとは、「最初と最後を同じにすることで、話がまとまる」というテクニックだ。

　たとえば、「最近リモート会議やオンラインセミナーが増えましたよね。みなさんはパソコンに標準装備されているカメラを使っていますか？　画像が粗くて見づらい人や、相手の表情がわからないときは、不安になりますよね。商談なら、商品のよさが伝わらないし、画像はキレイな方がいいと思いませんか？

　だから私は外付けのカメラを使っているんです・・・」とカメラの紹介をする。

　そして最後に、「このカメラがあれば本当にキレイな画像が簡単に撮れます。これでリモート会議やオンラインセミナーでの印象がグッと上がりますよ!」と結ぶ。

　このように、最初に話したことを、最後にもう一度話すだけで、プレゼン全体にまとまり感が生まれる。これがシンメトリックだ。ネット用語では、「フラグを立てて、回収する」と表現するし、漫才やコントでは、「伏線を回収する」とか、「フリ（前フリ）」とも言う。アメリカではスピーチの基本テクニックのひとつだ。

　プレゼン上級者やプロの漫才師は、フラグを随所に立てておき、最後に一気に回収するといった高度なテクニックを使う。しかしこれはとても難しい。いきなり高度なことを目指すより、まずは1本立てて、回収することからはじめよう。

　フラグの内容は、本題に関係することがベストだが、それが難しいときは、関係ないことでも構わない。どうでもいいことでも、ほんの少しでもいいからシンメトリックにする。それによって生まれるまとまり感が大切なのだ。

　慣れてくれば、本題とからめてより効果的に使ったり、オチをつけたり、フラグの本数を増やしたり、工夫してみるのもいいだろう。

　シンメトリックを上手く使えば、最後に話がまとまり、伝えたいことの念押しやダメ押しができる。つまり、相手の心に残りやすい。起承転結よりもはるかに簡単で、とても効果的なテクニックだ。

エグゼクティブへのプレゼンは、速く、短く、美しく!

　私はエグゼクティブにプレゼンすることも多い。要職の方に話を聞いてもらえるのはとても貴重な機会であり、内容次第では、数百万円、数千万円、ときには数億円の契約が決まるのだから、絶対に逃してはいけないチャンスである。

　それだけに、彼らへのプレゼンにはとても気を遣う。ほかのプレゼンは手を抜くというわけではもちろんないが、エグゼクティブへのプレゼンは、「速く、短く、美しく」を意識したシナリオづくりが必要だ。

　エグゼクティブはとにかく忙しい。私も忙しいが、彼らはおそらくもっと忙しい。いろいろな人に会ったり、会合に参加したり、会議や打ち合わせなど、分刻みのスケジュールで動く人には、簡潔に、わかりやすく説明することが求められる。

　プレゼンのボリュームはできるだけコンパクトにすること。できれば30分、長くても1時間以内におさめた方がいい。1時間以上も時間をくれるエグゼクティブは非常にまれだ。短い時間で「もっと聞きたい!」と思わせること、「もっと聞かせて!」と言わせることが大切だ。

　スライドの枚数はできるだけ少なくすること。文字だらけのごちゃごちゃしたものではなく、ぱっと見て、要点が目に飛び込んでくるような、スッキリと読みやすいスライドをつくる。それを流れるようにスムーズに魅せながら、短い言葉で簡潔に、テンポよく、しかもていねいに説明する。

　エグゼクティブへのプレゼンはワンチャンスだ。もたもた、ノロノロしていたら絶対に評価されない。だからすべてがスムーズに、すばやく動くように準備し、練習し、完璧なパフォーマンスをする必要があるのだ。

　そして、最も大切なのは、自信を持って堂々と伝えること。エグゼクティブが見破るのは、自信のなさである。その製品やサービスの魅力に、自分のプレゼンに自信を持って伝えるには、何度も練習を重ねるしかない。

　また、質問には可能な限りその場で答えることも重要だ。どうしても答えられない場合は、持ち帰って、後日改めて回答するしかないが、忙しいエグゼクティブはその場で判断することが多い。チャンスを逃さないためにも、どんな質問にも答えられるように準備するべきである。そしてその準備は、自信にもつながるだろう。

開発者、技術者へのプレゼンは仲間目線で

エグゼクティブが自信のなさを見破るのに対して、開発者や技術者は知識の有無を見破る。細かいところまで気にする人が多く、スライドはすみずみまで見るし、言葉は一言一句聞き漏らさない。「これ、まちがってるよね?」といった指摘も厳しい。

だから彼らへのプレゼンは、ディティールにこだわり、ていねいに、正しい言葉で説明し、知ったかぶりや上から目線は絶対にしない。

私の場合は、「私もシステムやってたんですよ!」、「それ大変ですよねー」といった会話で相手のふところに飛び込み、相手と同じ目線で話すことで、一体感をつくる。自分より詳しい人がいたら、まちがってもマウンティングなどせず「そうなんですか?! 詳しく教えてください!」と学ぶ姿勢を見せることも大切だ。

仲間目線の信頼関係が築けたら、相手も好意的に教えてくれるし、そこで得た知識は次のプレゼンで活かすことができるからだ。

また、開発者や技術者が仕事で大きな決済をすることはほとんどない。そういう人たちには、商品やサービスを買ってもらうというより、仲間になって、一緒に売ってくれる協力者になってもらった方が得である。

私の話が100人に伝わったら、その100人が協力者になり、さらに100人ずつに広めてくれれば、買ってもらう以上の価値がある。

この、「仲間目線を持ってもらう」というテクニックは、相手が経営者の場合は別として、さまざまな職業で応用できる。現場で活躍する人には何かしらの共通点や共感できるところがあるはずだし、共通の趣味や境遇でも構わない。同郷というだけで親近感がわいたり、シングルマザー同士とわかれば急に仲良くなったりするように、何かしらの共通点があれば、相手のふところに飛び込むきっかけがつかめるはずだ。

メディアへのプレゼンは
アウトプットをイメージする

　記者発表やメディア取材など、記者やライターを相手にプレゼンする場合は、アウトプットをイメージしながら組み立てる。ここで言うアウトプットとは、各媒体の記事や誌面のことを指す。記者にとっても、取材というインプットと、記事を書くというアウトプットがあるのだ。

　彼らはエバンジェリストの言葉をより多くの人に伝えてくれる、協力者になりうるキーパーソンだ。彼らが書きやすい、伝えやすい言葉で表現し、その先にいる読者が興味を持つ言葉をちりばめて、わかりやすく説明する必要があるだろう。

　記事をイメージして組み立てるとは、記事に載せやすい瞬間を入れたデモを行うということだ。記事のネタになる場面をつくる。撮影すると絵になる場面と撮影時間をつくる。さらに記事のタイトルになりそうなインパクトのあるフレーズを入れる。カギカッコでくくるとそのまま使える談話やセリフを入れる。引用できる言葉を使う。プレスリリースには掲載されないような個人的な感想を入れるのも効果的だ。

　記事はダラダラと長く書くものではない。読む方も疲れるし、飽きてしまう。従って、説明文はできるだけ短く、完結に。50〜100文字前後でまとめ、難しい言葉や専門用語は使わない。細かい仕様説明も不要だ。

　たとえば、Yahoo!ニュースのタイトルは13文字だ。Yahoo!ニュースで取り上げられたいなら、13文字以内でまとめたインパクトのあるフレーズを考える。Twitterなら140文字以内で表現する。

　つまり、相手のメディアを意識して、そのまま使える言葉や文章でプレゼンをする。もちろんそれは、誰でも理解できる平易な言葉で、人々が興味を持ちそうなフレーズでなければならない。

　記事を書くときに参考になるような、コンパクトにまとまった資料を用意するとよろこばれる。よく分厚いカタログやパンフレット、細かい仕様説明書、社長の著書などを渡す人がいるが、あれはかえって逆効果である。忙しい記

者は、膨大な資料にすべて目を通すヒマなどない。書籍を渡しても、読まれることはほぼないだろう。記者にとってはむしろ、ペラ1〜2枚にまとまったコンパクトな資料をもらえる方がありがたいのだ。

　もし相手のメールアドレスがわかるなら、当日や翌日に、改めてメールで送るとベターだ。紙の資料は紛失しやすいし、デジタルデータでもらった方が、文章や画像をコピペですぐに使うことができて便利だからだ。

　たとえば、商品写真と紹介文をまとめた資料を送ると、相手はすぐに記事を作成できる。でもそれがなかったら、記者がゼロから文章を考えるから手間がかかるし、写真を自分で撮らなければいけないのも手間だし、撮った写真がキレイに映っているかもわからない。映りがイマイチの写真を使われて、商品イメージを損ねるくらいなら、自社でキレイに撮った写真を使ってもらう方がいい場合もある。記者に撮ってほしいのは、記者発表の臨場感や商品の魅力的な使い方であって、物撮りをお願いしたいわけではないからだ。

　もし、いい写真がなかったら、後日「商品写真を送ってください」と言われることも多々ある。もちろん、言われてから送っても構わないが、言われる前に、こちらから送っておけば、わざわざ「送ってほしい」と連絡をする相手の手間も省けるのだ。

　小さなことかもしれないが、そういう細やかな気遣いができることが、ビジネスにおいてはプラスになる。小さなプラスの積み重ねが、やがて大きな信頼を勝ち取ることもよくあるのだ。繰り返しになるが、相手が何を必要としているのか、何を準備すればよろこぶのか、相手の立場に立って考えることが重要だ。

　さらに、後日改めてメールすることで、自分のことや商品のことをもう一度思い出してもらえる機会をつくれる。取材の御礼や挨拶も兼ねて、伝えたいことの念押しができるのもメリットだ。

　相手はプロの記者だから、もちろん自分の思い通りの記事になるとは限らない。私たちにはない視点で取材し、プライドを持って書くのが記者の仕事だ。素人が予想した結果にならないことも多いだろう。それでも、相手にとって使いやすい材料を提示して、「いいものがあったら使ってください」という気持ちでプレゼンすれば、その材料を使って、おいしい料理をつくってくれるか

もしれない。料理が好評だったら、あるいは材料が気に入ったら、また取材をしてくれるかもしれないし、信頼できる取材先のひとつとして、インプットしてもらえるだろう。

　メディアは味方につけておいて損はない。どんな小さなメディアでも、それを見る人がいるのだから、大切にするべきだ。そういう意味では、InstagramやTwitterなどのSNSも、個人が持つ小さなメディアだ。1人ひとりの発信力は小さくても、集まると大きな力になることもある。
　だからどんなプレゼンでも、セミナーでも、参加者1人ひとりの心に残る話を全力でしたいと思う。

シナリオはExcelで作成

　プレゼン準備の中で、私が最も重視しているのがシナリオづくりで、最低でも1〜2週間前から構成を考えはじめる。時間をかける理由は、何度も見直し、微調整しながら練り上げたいからだ。

　私の経験上、スライドづくりや、しゃべりの練習に時間をかけるより、シナリオづくりに時間をかける方が良いプレゼンができる。どんなにしゃべるのが上手くても、シナリオ構成がイマイチだったら、相手を動かすプレゼンはできない。

　私はYouTubeもやっているが、こちらも同じで、シナリオを重視し、撮影や編集よりも、シナリオづくりに時間をかけている。

　YouTubeは長々としゃべっても見てもらえないから、プレゼンよりもさらに短時間で、伝えたいことを凝縮させる必要がある。アイドルやイケメンの場合は別として、オジサンのしゃべりは、10分が限界なのだ。この10分に、セミナーだと50〜60分かけて伝える内容を詰め込み、ITテクニックを駆使して、魅力的な動画をつくるためには、しっかりと練り上げられたシナリオが必要だ。

　シナリオづくりにあたって、参考になるものがあれば、できるだけたくさん見て、研究した方がいい。私がエバンジェリストになった頃は、プレゼンのプロはほかにいなかった。だから独学で勉強するしかなかったが、今はお手本になる人がたくさんいる。YouTubeにも動画がたくさんアップされているし、テレビや書籍も参考になるものがたくさんある。

　余談だが、YouTubeはとてもよくできたシステムだ。自分が見たい動画をキーワードで検索し、再生回数を見れば、人気のある動画かどうかがすぐにわかる。さらに見た人が動画を評価することができ、それも視聴の目安になる。再生回数が多く、高評価の多い動画はよくできていておもしろいし、低評価の多い動画を見れば、その理由もよくわかる。

　前置きが長くなったが、シナリオのイメージをつかんでもらうために、私が実際に使用したデモのシナリオを参考までに次ページに掲載しよう。

　Excelを使って、シーン展開から必要な機材まで、かなり細かく書いている。これを見れば、プレゼンの流れや必要な機材が一目でわかるのだ。自分自身の確認に使うだけでなく、運営側にそのまま渡すこともできるし、打ち合わせ

時の資料にもなる。また、これをきっちりつくっておくと、リピートオーダーがあったときに、すぐにアレンジができるから便利だ。自分が行けないときに、誰かに引き継ぐこともできる。とにかく、シナリオづくりはとても大切だ。

◆ 実際に使用したデモのシナリオ

		Surface Pro 3 (3D Camera)	Surface Pro (Insider Preview)	Surface Pro 3	iOS (iPod Touch)	Surface Pro (PPT)	Surface 3 (生カメ)	Surface Hub (生カメ)	手元の生カメラ	
							●			デモ全体の説明
Windows 10	Overview			●						画面全体の説明
				●						メニューの説明、WiFi機能などピン留め
				●						何ごとも検索をする、「タッチフィードバック」
				●						タッチフィードバックを大きくする説明
			●							タッチフィードバック以外に、開発者モードと Insider Preview のお願い
	クラウド候補			●						「ピース又吉、きゃりー、ミックスチャネル」のクラウド候補
				●						この設定でも「キーボード」で検索
	Windows Hello	●								ここで 平野さんの Surface 3 へ
		●								Windows Hello 顔認証 「平野さんの写真」でサインインできない
		●								【平野さん】登壇 −西脇の掛け声−
							●			【平野さん】Windows Hello 顔認証 「実物の平野さん」でサインイン
							●			Windows Hello の仕組みを紹介
Surface Hub	Surface Hub							●		では、Surface は Surface でも Surface Hub を使いましょう
								●		Surface Hub でペンをとり、アドホック会議
								●		地図をだして、Skype で相手を呼び出す
										Surface Hub に Windows 10 Mobile から接続
								●		【平野さん】Windows 10 Mobile を上部からスワイプして Connect ボタン
										【平野さん】Windows 10 Mobile で Cortana から Dynamics CRM を呼び出す
								●		【平野さん】降壇 −西脇の掛け声−
Cortana	Cortana日本語版		●							「来週の天気は」、「傘は必要？」、「冗談を言って」
			●							「今日の予定は？」、「日曜日に歯医者の予定を入れて」、「PowerPointスライドを探して」
PowerBI	カスタムマップ			●						カスタムマップ
	データにアクセスするだけ			●						パートナーアプリケーションから簡単にできる
				●						楓凛（2FC）さんのデータにから分析画面を容易に作成
				●						PowerBI.com で BI画面を確認
	無償から開始し追加できる			●						PowerBI Desktop で BI 画面を確認
	機械学習まで統合							●		https://studio.azureml.net
				●						Office365 PowerBI.com で BI画面を確認して、Edge だからメモもできる
								●		Office365 PowerBI.com で BI画面を確認して、それを Surface Hub に映す
	iOSでも				●					iOSでも PowerBI アプリで表示できる
	Office365 強化 -SSO			●						Office365 シングルサインオンの画面で Salesforce.com
	Office365 強化 - Video			●			●			Office365 Video
IoT & ML	IoT					●				アプリケーションのデータ、ビデオのデータ、どんどん増える、IoT の話
								●		IoT 機器の紹介
				●						Visual Studio の紹介
セキュリティ	RMS ※ドキュメント流出			●						RMS による保護
				●						メール受信の確認（Officeでちゃんと見える）
					●					iOS での動作の確認、iOSでももちろんRMS機能が働く
				●						RMS Tracking を表示、どこで見たかがわかる
	EDP ※ルール厳選			●						EDP 管理下の Word で保存、暗号化ポリシーとして強制
	多要素認証 ※アカウント流出						●			本人が人であることを iPhone を使って認証
	SIMロック ※デバイス流出						●			PCなどのデバイスが盗難された場合、遠隔地からロックをする
まとめ							●			

5
エバンジェリストに必要なスキル ②準備・資料づくり

プレゼンテーションで使用する機材

　プレゼンテーションに必要な機材は、時代とともに変わる。30年前までは PowerPointなんてなかったし、昔は紙の資料やカタログなどを用意したが、今はたいていペーパーレスだ。だから、今から紹介する機材も、数年後には変わっているかもしれないが、今現在の最も便利なツールとして、参考にしてほしい。大事なのは、その時代の最新ツールを使うことだ。

　私がプレゼンテーションで使用する機材は、おもにこの5つだ。

❶ PowerPointでつくった資料
❷ ノートパソコン（バックアップを兼ねて2～3台）
❸ マウス
❹ プロジェクター
❺ スクリーン
❻ マイク
❼ デモをする場合は、デモ用の機材

　このうち、❶～❸と❼は自分の機材を持参し、❹～❻は会場の機材を使うことがほとんどだ。会場に設置されているパソコンは古いものが多く、使い慣れた、最新機能が搭載されたパソコンとマウスを使いたいから、これだけは絶対に自前だ。精密機械はいつ不具合をおこすかわからないから、もしものためのバックアップを兼ねて、2～3台は持って行く。

　さらに、パソコンを接続するケーブルや延長コード、Wi-Fiルーターなど、必要と思われるものはすべて、予備も含めて2つ以上準備する。

　Wi-Fiは、最近はどこの会場でも完備されるようになってきたが、地方の公民館や会議室など、場所によってはないこともある。デモンストレーションで通信環境が必要な場合はもちろん絶対に必要だし、そうでなくても、あると役に立つことが多いから、私は必ず持ち歩く。私にとってWi-Fiは、電気と同じくらい当たり前のインフラなのだ。

　逆に、❹～❻は、自前の機材より、会場に設置されているものを使った方がいい。なぜなら、その会場の設備や空間に合ったプロジェクター、スクリーン、マイクが設置されているからだ。多くの場合、それは音響設備のプロが最適

化した、プロ仕様の機材で、会場のことをよく知らない素人が、自前のマイクなどを持参するべきではない。私の場合は、念のために、パソコンに接続できるマイクを持参するが、会場にマイクがあれば、必ず会場のものを使う。

　実際に商品を見せながらデモンストレーションをする場合は、❼のデモ用の機材も準備する。これはデモ機やサンプル、ハイスペックな上位機種ではなく、ユーザーが使うものと同じものを自腹で購入して使うと決めている（64ページ参照）。

　また、その商品の魅力を演出するために必要な機材、ケーブル、バッテリーなども、必要なものを事前にリストアップして準備する。

　テレワークでのプレゼンやオンラインセミナー、ライブ配信などの場合は、準備する機材もちがうが、それはCHAPTER 7で詳しく述べる。

🔲マイクの種類と使い分け

　会場に複数のマイクがある場合、事前に「どのマイクがいいですか？」と聞かれることがある。プレゼンやセミナー会場でよく使われるマイクとして次のものがある。

◆ ハンドマイク …… カラオケでおなじみの、手で持つタイプのマイク
◆ ラベリアマイク …… 服などの胸元に装着するピンマイク
◆ ヘッドセットマイク …… ヘッドホンのように頭に装着するマイク

　もし選べるなら、私はハンドマイクを使う。ハンドマイクは口に近いから声をひろいやすく、雑音が入りにくく、声がクリアに聞こえるのが特徴だ。スタイルとしても、講師っぽくて、カッコいい（笑）。これはふざけているわけではなく、セミナー風景を撮影して、後日レポートにするときや、参加者がSNSに写真を載せるとき、ハンドマイクを持ってしゃべっている姿は、絵になるということだ。

　デモンストレーションをするときは、両手が使えるラベリアマイクやヘッドセットマイクを使う。両手で商品を持って説明したり、機械の操作をしたり、両手を使ったダイナミックな動きをするのに、片手がふさがるハンドマイクはやりづらいからだ。

　また、昔は演台の前で棒立ちのまましゃべることが多かったが、最近は舞台

の端から端まで走り回り、全身を使って表現することも多い。舞台を降りて受講生の席まで行くこともある。舞台上で上着を脱いだり、ペットボトルの水を飲んだり、ちょっとした動作を入れるときに、スムーズに話を続けることができるのも、ハンズフリーマイクの利点だ。もちろん、今どきはすべてワイヤレスである。

▶ 機材準備でいちばん大切なこと

プレゼンやデモは相手に魅力を伝えるためにやる。機材はそれをスムーズに行うためのツールだ。従って、相手がストレスなく見られるようにすることが最も大切だ。

音質が悪いとイライラするし、映像がカクカクしていたらストレスになる。すべての動作が流れるようにスムーズに、美しく見えるのが理想的だ。とくに私はITのエバンジェリストだから、IT機器の性能がイマイチとか、操作が不慣れであるとか、機材トラブルは絶対に避けたい。だから、常に最新の機器を準備し、事前に使いこなし、接続テストをして、スムーズにデモができるように練習する。

プレゼンやデモを見た人に、「これ使えるかも！」、「ほしい！」と思ってもらうためには、完璧な準備が必要だ。

また、これだけいろいろなものを準備すると、当然、大荷物になり、キャリーバッグでゴロゴロと引いて行くことになる。精密機械は衝撃に弱い。移動中の衝撃で機材が壊れないように、梱包には細心の注意払い、キャリーバッグはていねいに扱う。道の段差や階段のガッタンにも気をつける。

よくパソコンの入ったバッグを床にどんと置いたり、新幹線の網棚に放り投げたりする人がいるが、いくらていねいに梱包していても、余計な衝撃は与えない方がいい。機材を大事に扱うことも、機材トラブルを防ぐ基本である。

当日は、早めに会場に入って、設定や配線はすべて自分でやり、動作確認をして、リハーサルをする。設定や配線は、人に頼んだり、任せたりすることもできるが、これからの時代、自分でできるようにしておいた方がいいだろう。いずれ、できて当たり前の時代がくるからだ。

引退間近の部下がたくさんいるエグゼクティブなら別だが、若い人や、これから活躍する人は、IT系が専門でなくても、ぜひ挑戦してほしいと思う。自分でやってみることは、必ずいい経験になる。

プレゼン前に必ず確認すること

　プレゼンやデモ、セミナーの依頼がきたら、まずどんな会場でやるのかを確認する。広さやキャパシティ、舞台の高さや形、演台の有無などを確認するのはもちろんだが、プロジェクターやスクリーン、電源の場所など、機材の接続に必要なものをすべてチェックするために、前もって会場を下見する。

　遠方や忙しくて行けない場合、会場に入れない場合は、人に行ってもらうか、写真を送ってもらうこともあるが、とにかく、事前に会場を確認することは必ずやる。

　事前に見ておけば、延長コードの有無や接続端子の種類もわかるし、荷物をスリム化できる。何より、当日に現場であわてなくていいことが最大のメリットだ。会場の雰囲気がわかれば、シナリオもつくりやすい。

　さらに、参加者の人数や年齢層、男女比、どんな人たちの集まりなのか、ターゲット層も、わかる範囲で細かく聞く。相手のニーズに合わせたシナリオづくり、資料づくりには欠かせない情報収集だ。

　昔は配付資料の有無を必ず確認していたが、今はほとんどペーパーレスで、資料はデジタルデータで配布するのが主流だ。だがまれに、いまだに、紙の資料を配付したいという場合もあるから、それは事前に確認しておくべきだろう。

　紙の資料はなくしてしまうから、デジタルデータの方がおすすめだが、紙にはメモが取れる、書き込めるという利点もある。学校の授業や学習系のセミナーでは配布することもあり、その場合は配布用の資料を準備する。

　当たり前だが、会場の場所、アクセス、入り時間も確認する。遠方の場合は飛行機や新幹線のチケット、ホテルを手配し（主催者が手配してくれる場合もある）、精算方法も事前に確認しておく。私は講演やセミナーで地方に行くときは、必ず前日入りをする。台風や地震、事故などで交通機関が止まり、会場に着けないリスクを回避するためだ。講師が来なければ、講演やイベントは成立しない。遅刻や欠席は、絶対にあってはならないことである。

あると便利な最新ツール

　機材や機能は日々進化し、便利なツールがどんどん開発されている。私は常に最新情報をチェックし、良さそうなものはすぐに使ってみる。その中でも、便利でよく使うツールを紹介しよう。

🐭 プレゼンやデモに使える便利な機能

　PowerPointでつくった資料は、当日、デジタルデータで参加者に配布する。どうやって配布するかというと、スクリーンにうつしたQRコードを参加者がスマホで読み込み、アクセスすると、スマホで資料を見ることができるというものだ。これなら、席が後ろでスライドが見づらい人にもよく見えるし、文字が小さくて読みづらいときは拡大もできる。メモを書き込んだり、保存して後で見直したり、人に渡すこともできる便利なツールだ。

　「スライドのここを見てほしい」と視点誘導するときに、昔はレーザーポインターを使っていたが、今はほとんど使わなくなった。赤や緑色の点を目で追ってしまい、結局内容が入ってこないし、実はチラチラして見づらいからだ。

　現在の視点誘導の主流は、PowerPointに標準装備されている「ペン」や「蛍光ペン」だ。スライドの大事なところにマーカーで線を引いたり、「→」や「○」を書き込んだり、文字を書いたり、本物のペンのように使える。もちろん、線の太さや色も自由に選べる。最初からスライドに線が引いてあるより、説明しながらペンで線を引く方が、動きによって視点を誘導することができるのだ。

　スライドの見てほしい部分だけ拡大できる「ズーム」もある。これもPowerPointに標準装備されている機能である。拡大すると、そこしか見えなくなるから、自然と視点を誘導できる。

　Logicool（ロジクール）の「スポットライト」も便利だ。視点誘導したい部分にリモコンを向けると、そこだけスポットライトが当たったように、ほかの部分が暗くなる。もちろんリモコンで位置を自由に動かすことができる。そこしか見えない強制的視点誘導ができ、スライドの中のどの部分にスポットライトが

当たっているかもわかるという点で、ズームよりも便利かもしれない。

　もちろん、普通にスライド操作のリモコンとしても使え、スポットライトを虫眼鏡のような部分的拡大に変えることもできる。時間がきたら振動でこっそり知らせるタイマー機能もあり、プレゼン時間の管理もできて便利だ。ただし、別売りなので1万円前後の出費にはなる。

●Logicool(ロジクール)の「スポットライト」

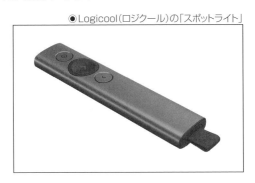

　これらの便利なツールは、強制的に注目させるという意味もあるが、新しい機能を使って、参加者を楽しませたいという思いが強い。「わー!こんな機能あるんだ!」、「こんなこともできるの?!」、「知らなかった!おもしろい!」と思ってもらえればうれしい。ワクワクした経験や、驚き、感動は印象に残りやすい。参加者の目に映るものはすべて、スマートで美しくありたいと思う。

　これらの最新情報やトレンドは、ニュースやネット情報などをマメに見て、収集している。新しいことを発信しているインフルエンサーの動向をチェックし、YouTubeの動画や海外のセミナー、プレゼンも参考にする。

　私はITのプロだから、この人はこんな機材を使っているとか、こんなふうに活用しているというのは、見ればだいたいわかる。アメリカのツールは日本よりも進んでいて、ときどき「これどうやってやるの?」と刺激を受けることもある。いろいろなプレゼンを見て、研究することは、とても参考になる。自分だったらもっとこうするとか、道具も、見せ方も、すべてが勉強になるのだ。

　IT系が得意な人はもちろん、苦手な人も、これからの時代、ある程度のITスキルは必要だ。便利なものはどんどん取り入れてほしいと思う。もちろん、自分の専門領域に関わることは、とくにしっかりとチェックし、最新情報にアップデートしておくべきだ。

準備はどこまですればいいのか？

どんなにいい機材を準備しても、使いこなせていなければ宝の持ち腐れである。手つきや動作が様になっているか、こなれているか、見ればすぐにわかるものだ。ぎこちない手つきは、なんとなく違和感があって、見ていてストレスを感じるし、機材のよさを十分に引き出せていないから、魅力も伝わらない。それは、スマートで美しいデモとは言えない。

何事も下調べや準備が大事

私はプレゼンやデモが決まったら、必要な機材はすぐに購入する。自分で買って、とことん使って、自由自在に動かせるようになるまで練習する。どんなことを聞かれても答えられるように、スペックや性能、使い方について、徹底的に研究する。そこまで準備してはじめて、その商品の魅力が伝わるのだ。

これはデートと同じである。私はデートのときによく女性に花束をプレゼントする。花屋に立ち寄り、相手によろこんでもらえそうな花を選び、リボンの色を選び、キレイにラッピングしてもらうには、それなりに時間がかかる。だから花屋がどこにあるか事前に調べ、その曜日、その時間、開いているかを確認し、いつもより30分早く家を出て、ゆとりを持って花を買う。花屋の店員に、この季節におすすめの花はどれか聞きたいし、花言葉、花の扱い方、花を長く持たせる秘訣も聞いてみたい。花束とともに、花の説明ができたら、彼女との会話が盛り上がるかもしれない。

でももし、そういう下調べをしないで向かったら、駅前で花屋を探しても見つからないかもしれないし、あっても閉まっていて買えないかもしれない。ちがう花屋を探している間にどんどん時間がギリギリになる。時間がないと、ありきたりな花束になってしまったり、安い貧相な花束しか残っていなかったり、まちがえて菊を買って、気まずい雰囲気になったり（菊は仏花だからプレゼントには適さない）、デートが台無しになるかもしれない。

花束に限らず、慣れないことをするとボロが出るものだ。飲食店で、常連ぶって「いつものやつ」と言ったら、「いつものってなんですか？」と聞き返され、恥をかいたというのはよくある話だ。

　私は初めて行くレストランは、デートの前に必ず下見をしていた。料理はおいしいか、店の雰囲気はいいか、価格はどれくらいか、事前にリサーチして、より相手を楽しませたいからだ。それに、行ったことがある店なら、「ここのコーヒーはおいしいよ」とか、「デザートはアップルパイがおすすめ」とか、「トイレは奥の通路の右側にある」とか、よりスマートに注文やガイドができる。予約のときに、「窓際の奥の席をお願いします」といい席を指定することもできる。

　そういう気遣いができるかどうかで、デートの印象はかなりちがうだろう。

　最近は、店の雰囲気やメニュー、口コミがネットで調べられるようになり、実際に足を運ばなくても、ある程度わかるようになった。便利なことだ。それでも予約は必ずするし、食べたいものがあったら事前に伝えておく。

　せっかく行ったのに、店が休みだったとか、満席で入れなかったとか、食べたいものが売り切れだったら残念だし、そこからまた店を探して移動する時間がもったいない。相手のテンションが下がることは、できるだけしたくない。

　準備はどこまでやればいいのか、それは自分次第である。

　花の説明がなくても、花束をプレゼントするだけでもよろこんでくれるかもしれないし、最悪、花束がなくても、デートを楽しんでくれるかもしれない。店の予約をしていなくても、たまたま入った店がおいしいかもしれない。でも、心を込めて花束をプレゼントしたら、きっともっとよろこんでくれるし、おいしい店に案内したら、もっと感動してくれるだろう。相手のことを考えて、相手のために何かしてあげたいと思い、行動することが大切なのだ。

　何も準備していなくても怒られないが、気持ちのこもった準備をしたらよろこばれる。株が上がる。準備しすぎて困ることはない(相手の気持ちを考えない、自分勝手な準備で空回りする場合を除く)。だから私は、どんなことでも万全の備えをして、最善を尽くすことにしている。

プレゼンの資料づくり

　プレゼンを成功させるために、良い資料をつくることは大切だが、良い資料があればプレゼンが成功するというわけではない。

　昔は、プレゼンと言えば、PowerPointで資料をつくるのが当たり前だった。しかし今は、しゃべる、実演する、SNSやYouTubeで発信するなど、さまざまな伝え方、広め方がある。エバンジェリストにとって、プレゼン資料は、今の時代に選択できる数多くの手法のひとつだ。とはいえ、資料づくりは大事なビジネススキルのひとつである。PowerPointを使いこなすのは、今や当たり前のことで、できない人はいないと言ってもいい。

　でも、資料づくりだけ上手くても、仕事ができるとは言わない。逆に、どんなにしゃべるのが上手くても、きちんとした資料がつくれなかったら、プレゼンの魅力は半減するし、「この人は実務能力がない」と思われ、信頼されない。だから資料づくりのスキルも磨くべきだ。

　私自身は、Twitter、Instagram、Facebook、YouTubeなど、伝える手法をたくさん持っているが、仕事でプレゼンやデモをするとき、セミナー、講演をするときは、PowerPointで資料をつくる。

　PowerPointは30年前にできたソフトで、この30年でかなり便利に、使いやすく進化した。今後ますます進化するかもしれない。あるいは、PowerPointに代わる新しいソフトが出てくるかもしれないし、プレゼンの形は変わっていくかもしれない。大事なのは、時代に合わせて、そのときいちばん便利なツールを使うことだ。

　ここでは、今おもにプレゼンで使われているPowerPointでの資料づくりを紹介する。資料でわかりやすく伝えることの本質を理解すれば、ソフトや手法が変わっても、応用できるはずだ。

📖徹夜でつくった資料はイマイチ

　プレゼン資料は、きちんとしたものをつくるために、しっかりと時間をかけるべきだ。よくプレゼンの冒頭で「昨日、徹夜で資料つくってきました」と自慢げに言う人がいるが、これはまったくの逆効果である。徹夜でつくったとい

うことは、急場しのぎであわててつくったことがバレバレだし、実際、徹夜でつくった資料は細かいところまで仕上がっていない。中途半端なものが多いのだ。

　私だったら、「お話をいただいてから、いろいろと構想を考えて、ねりにねって準備してきました」と言う。たとえ徹夜だったとしても、そう言うだろう。

　徹夜アピールは、自分が忙しいことを自慢したいだけで、相手にとっては関係のないことだ。「あなたのために使った時間は昨夜だけです」とわざわざ伝えるより、「あなたのために、こんなに時間を使って考えてきました」と伝える方が、相手は気持ちがいいに決まっている。

　私はシナリオづくりに1〜2週間かけるが、PowerPointの資料づくりも、締め切りの1週間前にはスタートする。つまり、逆算すると、プレゼンの2〜3週間前には準備をはじめるということだ。

　なぜそんなに早くはじめる必要があるのか?　それは、早く準備すれば、そのぶん、余裕を持って見直しをして、より良いものにブラッシュアップできるからだ。何度もチェックすることで、まちがいや入力ミス、誤字脱字に気づいて修正することができる。ちょっとした歪みやズレをととのえたり、色や画像を入れて見やすくしたり、より見やすく工夫することができる。凝りだしたらキリがないが、準備不足のままプレゼンに臨むよりずっといい。こうして何度もチェックして磨き上げた資料は、急いでつくった資料よりもずっとこなれていて、完成度が高い。

　同じテーマのプレゼンをやる場合でも、同じ資料をそのまま使うことはまずない。プレゼン相手が代われば、相手に合わせてリバイスする必要があるし、旬の話題やトレンドは定期的に見直す必要がある。毎回2割程度はリバイスして、データはすべて保存し、バージョン管理している。「あのときのセミナーの資料ありますか?」と言われたり、後日、質問や問い合わせがあったり、自分で資料を見返したいときもあるからだ。さらによく使う資料は、プレゼンの予定がなくても、週に1度は見直しをして、より新鮮でこなれ感のある資料にリバイスしている。

🍬「パワポの神」が降りてくる

　これは「エバンジェリストの教科書」だから、資料づくりは1週間前からはじ

めると書いたが、実際は、ギリギリになってしまうこともある。理想的には1週間前からつくりはじめたいと思っているが、まったく手が動かないことがある。

　資料づくりのプロセスも人それぞれで、1週間かけて地道にコツコツやるタイプもいれば、ギリギリになってあわてて一気に仕上げるタイプもいる。私は実は後者である。どちらのやり方が正しいというわけではない。最終的に、相手に魅力が伝わる資料がつくれれば、どんなやり方でも構わない。大切なのは、自分のクセを知って、余裕を持ってスケジュールを立て、期日までに完成度の高い資料をつくり上げることだ。

　私の場合は、シナリオを練り上げ、機材を使いこなしながら、こんなふうに魅力を伝えたい、とプレゼンのイメージをふくらませていく。PowerPointでの資料づくりはまさにその集大成のようなものだ。頭の中でスライドのイメージができていなければ、パソコンの前に座っても、作業はまったく進まない。そして、そういうときは決まって、部屋の掃除をはじめたり、机のまわりを整理したり、今やらなくてもいいどうでもいいことをしてしまう。テストの前に関係ないことをしてしまうのと同じだ。

　やる気が起きないときに、無理にパソコンの前に座っても、ムダに時間が過ぎていくだけだ。だから私は、あえてほかの仕事をしたり、ごはんを食べたり、お風呂に入ったり、ちがうことをする。やりながらも、頭の片隅で考えてはいる。

　すると、それが突然、はっきりとしたイメージとしてフラッシュする瞬間がある。映像が降りてくると言ったらわかるだろうか。これを私たちの業界では、「パワポの神が降りてくる」と言う。降りてきたら、後はパソコンに向かって、一気に作業するだけだ。頭の中で具体的な絵ができているから、あっという間に完成し、完成度もかなり高い。この現象は、プレゼン資料に限らず、原稿や音楽、デザインなど、クリエイティブな仕事をしている人にはよくあることだという。

　残念ながら、パワポの神は、いつ降りてくるのかわからない。理想では、1週間前に余裕を持って降りてきてくれて、見直しのときにもう1回降りてきてくれると、とても助かるのだが、そんなに都合のいい神様はいない。けっこうギリギリのことが多いし、最悪、降りてこないこともある。ギリギリまで待って、もう間に合わないと思ったら、地道にコツコツつくる方向に切り替える勇気も必要だ。

スライド作成のコツ

資料づくりでいちばん大切なことは、ぱっと見ただけで、直感的にメッセージを読み取ることができる、わかりやすいスライドにすることだ。

🔹 1スライド、1コンテンツが鉄則

人は無意識に自分の好きな情報を見てしまうものである。まずどこに目が行くのかは人それぞれだが、とくに人の顔や地図、グラフなどの図形に目線が集まると言われ、文字や文章に目が行くことはほとんどない。情報が多いと、そのぶん目線が散らばってしまう。だから、1つのスライドに情報を詰め込みすぎないことが大切で、1枚のスライドに、伝えたいことは1つだけにする。

例外があるとしたら、大学の論文などの学術資料や、資料をコンパクトにまとめる必要がある場合だろう。詰め込むことに意味がある場合は別として、一般的に、わかりやすく伝えるなら、「1スライド、1コンテンツ」が資料づくりの鉄則だ。

たとえば、「右側に青いグラフがありますね」と言ったら、そこにちゃんと青いグラフがなければいけないし、青っぽいグラフが2つも3つもあったら、どれを見ていいのかわからない。「ここを見てください」の「ここ」が、明確にわからないスライドは、わかりづらくて不親切だ。

「ペン」や「ズーム」、「スポットライト」など、視点誘導に便利な道具については、96ページでも詳しく述べた。もちろん、これらを活用するのもいいが、ここでは、資料づくりという点において、道具を使わなくても、目で見てわかる絵づくりをすることを意識してほしい。後で資料を見返したときに、ペンやスポットライトの視点誘導はないからだ。道具がなくても、伝えたいことが一目でわかる、資料の見返しにも使えるスライドが、わかりやすいスライドだ。

🔹 フラッシュプレゼンテーション

その最たるものが「フラッシュプレゼンテーション」だろう。その名の通り、フラッシュ（ストロボ）をたくように、パン、パン、パン、とテンポよく展開していくプレゼンだ。1枚のスライドを2秒から5秒というスピードで送っていく。

　スライドに書かれている情報はたった1つ。大きな文字や絵や写真だけ。嫌でもその情報が目に飛び込んできて、次々と変わるスライドに目が釘づけになり、自然にストーリーに引き込まれていくというテクニックだ。

　実際のスライドを紹介しよう。

◆ フラッシュプレゼンテーションのスライドとトーク例

01

今日ご紹介するのは犬の命です。ワンちゃんの大切な命。

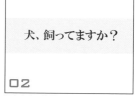

02

みなさん、犬飼ってますか?

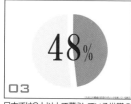

03

日本では2人以上で暮らしている世帯の約半分、48%が何らかのペットを飼っています。犬や猫とか、鳥とか、ウサギとか。

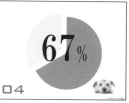

04

中でも犬の割合は最も多い67%になっています。

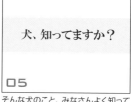

05

そんな犬のこと、みなさんよく知っていますか?

06

たとえば、犬と私たちのお付き合いです。3万年前のオオカミの家畜化から始まっています。歴史がとても長いんです。

07

世界でいちばん小さい犬です。かわいいですね。スマートフォンの上に乗っかっている。

08

世界でいちばん大きい犬です。これで生まれて間もないそうです。

09

そうなんです。犬というのは地球上に存在する動物の中で最も大きさのバリエーションが豊かである。種が豊かであると言われているんですね。

国際家畜連盟

10

国際家畜連盟の統計による犬の種類は何種類だと思いますか?

336種類

11

336種類あるんですね。これが公認の数。

非公認を含めると

12

これに非公認も含めますと

800 種類

13

その数は800を超えると言われているんですね。

もっとも身近な

14

大変多いですよ。歴史も長くて、最も身近な命なんですね。

15 もっとも身近な、命

時には私たちの命を守ってくれたり、大きく支えてくれる。そんな大切な命なんです。

ところが・・・

16

ところが、大変残念なことが起きています。

動物愛護法第44条4項に定められた家庭動物

17

動物愛護法第44条4項で定められた家庭動物として、あることが起きているんですね。

年間 **5** 万頭

18

年間で5万です。5万頭の犬の命。

1日 **400** 頭

19

これを1日1日に並べますと、1日400頭です。何が起きているかご存じですか?

殺処分

20

殺されているんですね。1日400頭殺されていることが驚くべきことなのではありません。

驚くべきことに

21

実は驚くべきことは、その先にあるんです。

39%

22

1日400頭のうちの実に39%が、生きたまま飼い主が保健所に持って来て、「この犬を殺してください」と申告するんです。これが39%なんです。39%が飼い主が殺せと持ってくるんです。

考えられますか?

23

考えられますか? その理由です。

・引越し先がペット禁止なので
・犬が大きくなって可愛くなくなったから
・予定外の出産で、たくさん子犬が産まれてしまったから
・面白半分で繁殖したけど、子犬のもらい手がいないから
・言うことを聞かず、うるさいだけだから
・経済的に余裕がないから
・老犬の介護がしんどくて
・ブリーダーをやめたので、犬たちが用済みになったから
・夏休みで長期の旅行に行くから
・思っていたより臭いから

24

下から2行目。「夏休みで長期の旅行に行くから」。考えられますか?
上から2行目「犬が大きくなって、かわいくなくなったから」。
真ん中あたり「言うことを聞かないでキャンキャンうるさいので」。
こんなふうにして、犬の命が奪われていくんです。おかしいですよね。

25 もっとも身近な、命

私たちとともに生きる大切な命。

ずっと、ずっと、ずっ～と一緒にいてあげてください

26 大切な命

ずっとずっと一緒にいてあげてください。

26枚のスライドで、かかった時間はわずか2分。視点誘導は完璧だ。

ただし、この手法は、時間と場所を選ぶので万能ではない。たとえば、トラブル中の顧客の前では絶対にやってはいけないし、コンペやシビアな価格商談の場にもあまり向いていない。スライドを印刷して配布するようなセミナーは、すごい枚数になってしまうから、もちろん向かない。どちらかというと、学校の授業や勉強系のセミナー、3分から5分で行う短時間のプレゼンに向いている。最近テレビでよく見る、お笑い芸人のフリップ芸もこのテクニックを応用したものだろう。

一般的なセミナーやプレゼンでは、ここまで資料をシンプルにすることは難しいかもしれないが、視点誘導やプレゼンの練習には最適だ。

🦋 フォーマットを統一する

次に大切なことは全体的な統一感だ。フォーマットやレイアウトがバラバラだと、ページをめくるたびに、違和感があって、なんとなく気持ち悪い。急場しのぎ感が出る。完成度が低い、いい加減な印象を受ける。これはそのプレゼンにとって、決してプラスにはならない。だから私は、全体のフォーマットやデザイン、色合いは必ず統一する。ページをめくったときの一体感や美しさを大事にしている。これは、PowerPointの「デザイン」機能で簡単にできることだから、ぜひやってほしい。完成度の高い、洗練された資料は、見ていてとても気持ちがよく、相手にいい印象を与える。少なからず、プレゼンの成否にも影響するだろう。

よく「西脇さんは几帳面だからできるんですよね」とか、「私は不器用だからできないんです」という人がいるが、これはそういう次元の話ではない。あなたが不器用かどうかなんて、プレゼン相手にはまったく関係のないことだ。

自分ではなく、「相手が見たらどう思うか?」をいちばんに考えてつくるのがプレゼンの基本である。もし私がプレゼンを受ける側だったら、フォーマットがバラバラの雑な資料よりも、ビシッと統一されたキレイな資料の方が絶対にいい。印象がいいと、プレゼン内容も記憶に残りやすい。だから私は、統一感のある美しい資料づくりにこだわるのだ。

🦋 効果的な色づかい

色づかいはスライド全体のイメージを左右するとても重要な要素である。

色づかいをまちがえると、大事なことが伝わらないだけでなく、信頼を失うこともあるから注意が必要だ。押さえておきたいポイントは2つ。「色数」と「色合い」だ。

　まず、「色数」を多用しないこと。色をたくさん使ってカラフルにデザインすると、一見、華やかな印象になるが、大事なところがどこかわからない、ぼんやりした資料になってしまう。センスのない、イマイチな色の組み合わせは、かえって気持ち悪い印象を与えることもある。

　プレゼンの目的は伝えることだ。デザインを見せることや、派手にデコレーションすることが目的ではない。「どうしたら相手に伝わるか」をいちばんに考えると、伝えたいことを際立たせるために、必要な色数は3色までにする。たとえば地の色が白だったら、黒、赤、青。この3色で十分だ。

　この中で、赤が最も目を引く色だから、大事なところを赤字にしたり、赤線を引いたり、赤枠で囲んだりすればいい。「1スライド、1コンテンツ」でつくっているから、そのスライドの中で最も重要なポイントに赤を使えば、伝えたいことがパッと目に飛び込んでくるスライドになる。

　もし、どうしてももう1色使いたいとき、強調表示だけを黄色にすることはある。「注目!」、「NEW!」、「ポイント!」などの文字や矢印に使うと効果的だ。

　つまり、「地の色＋3色（＋強調の1色）」が基本だ。

　相手の企業カラーを使うのもおすすめだ。企業カラーとは、たとえばJRは緑、JALは赤、全日空は青、富士通は赤。企業のロゴやホームページ、広告などに使われるイメージカラーのことだ。JRにプレゼンをするなら、黒、赤、緑の3色を使う。自社のカラーではなく、相手企業のカラーを使うのが気遣いだ。逆に、絶対にやってはいけないのは、競合企業の色をメインに使うことだ。同じスライドでA社、B社、C社···と回っていると、こういうことがよく起こる。これは、エグゼクティブ向けのプレゼンなら一発アウトだ。まずまちがいなく失注するだろう。担当者レベルでは大目に見てもらえることもあるが、いい気持ちはしないのだから、気をつけるべきだ。

　「マイクロソフトの企業カラーは?」と聞かれることがある。マイクロソフトのロゴは、赤、緑、青、黄色、4色の四角形が集まったもので、どの色がいちばん目立つということはない。これは、ダイバーシティ（多様性）を認め、国籍も、

エバンジェリストに必要なスキル　②準備・資料づくり

人種も、性別も、学歴も関係なく、世界中の人が社員であり、顧客であるという理念のもと、「あえてコーポレートカラーをつくらない」というのがマイクロソフトの考えだ。

Googleのロゴも同様だ。このような形で、あえてカラーを持たないというのが、世界の外資系企業のトレンドだ。

ただし、例外的に色を多用してもいい場合もある。たとえば、車、糸、花など、カラーバリエーションが豊富なものや、色を説明する場合だ。色の話をするときに、それをイメージする色がなかったらわかりづらい。

また、写真やグラフ、表、イラストなどに色を多用するのは自由だ。見やすければ、どんな色を使ってもいい。そもそも文字よりもそっちに目がいくのだから、思いきり目立たせて、わかりやすく表現するために色を使う。

もう1つのポイントは「色合い」だ。世の中には、生まれつき色を認識するのが苦手な人がたくさんいる。とくに赤や緑を認識できない人が多く、男性で20人に1人（5%）、女性で500人に1人（0.2%）の割合で存在すると言われている。決してめずらしいことではないのだ。

昔はそういう人たちを「色盲」、「色弱」、「色覚異常」などと呼んだが、今は「色覚多様性」と呼ぶのが正しい。色の見え方は人それぞれ、ちがっていてもいいというのが世界のユニバーサルだ。

色の見え方がちがっても、日常生活には支障がないし、一部の特殊な職業を除けば、就職も普通にできる。だからプレゼン相手に色覚多様性の人がいてもおかしくないし、そういう人がいるかもしれないという前提で資料をつくらなければならない。

これは簡単にチェックができる。PowerPointの「グレースケール」で表示をすれば、色覚多様性の人にどう見えているのかわかるのだ。黒字の中に赤字を入れて強調しても、グレースケールにしたら見分けがつかない。つまり、強調したいところは赤字にするだけでなく、太字にしたり、下線を引いたり、枠や丸で囲んだりすることで、誰が見ても強調がわかるスライドになる。

タイトルスライドこそカッコよく

　タイトルスライドは、いちばん投影時間が長いスライドだ。紙の資料ならいちばん上に来るものだし、ネットにアップしたらサムネイル表示されるのはこの1枚だ。だからもし時間があったら、タイトルスライドに力を入れるべきだ。

　記載すべき必須事項は、タイトル、サブタイトル、日付、相手先情報（社名や団体名、主催者など）、自分の情報（社名、肩書き、氏名、URLやアカウント）だ。できれば写真やイラストを入れて、カッコよくした方がいい。

　こういう話をすると、左下のスライドのように無意味な写真やムダな情報が多いスライドになりがちだ。「さんさ」というりんごの魅力を伝えたいのに、無意味に登場する老人に目が行ってしまうし、文字が多くて余計な情報が多い。これでは何を伝えたいのかわからないだろう。

　それに対して右下のスライドは、シンプルでムダがなく、短い言葉でメッセージが伝わってくる。写真にインパクトがある。ここから語りかけるような力があり、見ていて飽きない。こういうスライドがカッコいい。

　PowerPointには自由に使える写真やイラストがたくさんあり、ネット上にもフリー素材がたくさんある。これらを上手く活用して、魅力が伝わるカッコいいスライドにしよう。

■ シンプルな短いメッセージで魅力を伝える

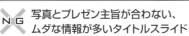

NG 写真とプレゼン主旨が合わない、ムダな情報が多いタイトルスライド

OK 短いメッセージと写真にインパクトがある、カッコいいタイトルスライド

セミナーの集客はタイトルで決まる

　プレゼンやセミナーにおいて、タイトルはとても重要だ。とくに集客する必要があるセミナーの場合、タイトルとサブタイトルで、参加人数が決まるといってもいい。プレゼンやデモなど、聞く相手がすでに決まっている場合でも、タイトルによって相手の興味や食いつきが変わるのだから、タイトル・サブタイトルは効果的な方がいい。集客のあるセミナーの場合、タイトルは1〜2ヶ月前には決める。その場合は、シナリオづくりよりももっと前に考えなければならないが、プレゼンなどの場合は、資料づくりの段階でもまだ修正がきく。

　タイトルはそのプレゼンの概要をあらわすものでなければならない。タイトルとサブタイトルを読めば、どんな内容なのかわかり、さらに相手が聞いてみたいと思う、インパクトのあるフックが必要だ。多少大げさに書いてもいいが、もちろんウソはいけない。セミナーを聴講した後、「期待したのにガッカリ」と思われる、あおりすぎたタイトルもよくない。伝えたいことを、正しく、魅力的に伝える必要があるのがタイトルだ。だからといって、オチまで書いてはいけない。オチはセミナーの中で、サプライズとして使うべきで、タイトルにすべてを書いてしまうと、驚きもワクワクもない、印象の薄いセミナーになってしまうからだ。もっと聞きたいと思わせて、でもオチは言わないという絶妙なバランスが人をひきつける。

　たとえば、私がダイエットセミナーをやるとしたら、こういうタイトルにする。

> ダイエットの成功の秘訣　〜 明日から1週間で1kgやせる方法 〜

　「ダイエット」という概要がわかり、「1週間で1kgやせる」という具体的な結果が興味を引き、「明日から」というワードが、誰でもすぐに、簡単に実践できることを想像させる。ウソはいけないが、1週間で1kgやせる方法を教えるセミナーだから、たとえやせられない人がいても、ウソではないのだ。

　大切なのは、このセミナーに参加したら、どんな知識が得られるのか、具体的に説明し、相手に参加したいと思わせることだ。でもやせる秘訣(オチ)はセミナーに参加しないと知ることができない。だから参加したくなる。それを2行で表現するのがセミナータイトルである。

画面をめいっぱい使わず、メリハリつける

資料づくりの基本は、「相手にとって見やすいかどうか」これがすべてである。下記のスライドを見て、どちらが見やすいだろうか?

左は画面全体をめいっぱい使って、すべての文字をギリギリまで大きくした結果、ただ文字がびっしりと並ぶ、読みづらい印象だ。どの言葉も目に入ってこない。

それに対して右は、パッと見ただけでポイントが3つあることがわかる。見出しの文字が目に入ってくる。目線誘導もしやすい。これは、3つの要点の見出しだけを「大きく」して、「下線」を引いて、「太字」にして、行間で「空白」をつけ、本文の文字を「小さく」することで、見出しの文字を目立たせているのだ。塊で表現する、と言えば、よりイメージしやすいだろうか。

自分がプレゼンされる立場だったら、文字びっしりのスライドは読む気にならないが、メリハリのあるスライドは読んでみようという気持ちになる。

しかもこれは、5分もあればできてしまう。たったこれだけのことで、メリハリがつき、格段に読みやすくなるのだから、このひと手間は絶対にやるべきだ。

■ 画面を目いっぱい使わない

弊社の今年の取り組み

- 競争力を高めるために資格試験にチャレンジする
  - 資格取得の研修テキストを会社が負担(最大 10万円/年まで)
  - 資格取得のための学費を会社が負担(最大 12万円/年まで)
  - 資格試験の受験料を会社が負担(同一資格で最大 2回/年まで)
- 働き方の改善(ワークスタイル改革)を行う
  - 会社での勤務のほかにリモートワーク/テレワークを推進する
  - スマートフォンやタブレットからのアクセスを可能にする
  - 就業時間を見直し、タイムカードを廃止する
- ワークライフバランスの充実を図る
  - 誕生日休暇制度の創設
  - 長期休暇制度の創設(4連休あたり、1日の休暇を追加補てん)
  - 家族旅行のための旅行代金の一部負担(最大 10万円/年まで)

弊社の今年の取り組み

- **競争力を高めるために資格試験にチャレンジする**
  - 資格取得の研修テキストを会社が負担(最大 10万円/年まで)
  - 資格取得のための学費を会社が負担(最大 12万円/年まで)
  - 資格試験の受験料を会社が負担(同一資格で最大 2回/年まで)
- **働き方の改善(ワークスタイル改革)を行う**
  - 会社での勤務のほかにリモートワーク/テレワークを推進する
  - スマートフォンやタブレットからのアクセスを可能にする
  - 就業時間を見直し、タイムカードを廃止する
- **ワークライフバランスの充実を図る**
  - 誕生日休暇制度の創設
  - 長期休暇制度の創設(4連休あたり、1日の休暇を追加補てん)
  - 家族旅行のための旅行代金の一部負担(最大 10万円/年まで)

画面をめいっぱい使った
メリハリのないスライド

見出しを強調して、塊で表現した
見やすいスライド

5 エバンジェリストに必要なスキル ②準備・資料づくり

フォントはイメージで使い分ける

　フォントにはそれぞれ、与えるイメージがある。たとえば、明朝体系はやさしい、繊細、ていねい。ゴシック体系は力強い、強調、説得。ポップ体系は派手、目立つ。フォントを上手く使い分けることで、より効果的なメッセージになる。

　ビジネスプレゼンテーションで使ってはいけないのはポップ体だ。カジュアルすぎて軽々しい印象を与えてしまうからだ。一般的によく使われるのは、明朝体やゴシック体だろう。私は、以前は「メイリオ」だったが、今は「游ゴシック」を使っている。游ゴシックはメイリオよりもやわらかく、文字と文字の間に遊びがあって読みやすいからおすすめだ。

　学校の授業やテキストでは、「UDデジタル教科書体」を使う。国語の教科書に使われるような字体だ。また、吹き出しや引用などに手書きフォントを使うのも、ワンポイントになって効果的だ。

　最近はさまざまなフォントがパワーポイントに標準装備されていて、さらにネット上には有料・無料で使えるフォントが無数にある。フォントづかいのポイントは、バラバラとたくさん使うのではなく、基本のフォントは統一し、強調したいところだけにインパクトのある字体を使うことだ。

■ フォントを変えるだけで、こんなにイメージが変わる!

明朝体…………………… PowerPoint で 30 分のプレゼンに挑戦
ゴシック体 ……………… **PowerPoint で 30 分のプレゼンに挑戦**
ポップ体 ……………… **PowerPoint で 30 分のプレゼンに挑戦**
メイリオ…………………… PowerPoint で 30 分のプレゼンに挑戦
游ゴシック体 …………… PowerPoint で 30 分のプレゼンに挑戦
UD デジタル教科書体 …… PowerPoint で 30 分のプレゼンに挑戦
手書きフォント………………… PowerPoint で 30 分のプレゼンに挑戦

単位は2割小さくする

　数字は説得力がある。それは数字で物事を判断する人が多いからだ。従って、プレゼンには数字がつきものだし、数字が際立つ資料はいい資料である。

　私は数字を入れるときは必ず、単位を2割小さい文字にする。円、台、人、位、％、cm、kg…これらは必ず必要なものだが、大きく目立たせる必要はない。単位が何か、わかる程度に小さく書かれていればいい。大事なのは単位の前に書かれている数字だ。だからこれを目立たせるために、あえて単位を小さくするのだ。
　単位を小さくするか、文字を大きくするか、どちらがいいかというと、単位を小さくする方がおすすめだ。PowerPointで文字を大きくすると、行間が乱れてしまい、ととのえる手間が増えるからだ。これは、残念ながら自動でやってくれる機能はない。単位のところにマウスを持っていって、「文字縮小」をひとつずつ手動でやらなければならない。

　面倒だと思うかもしれないが、1枚5分もあればできる簡単な作業だし、これによって数字が目立ち、インパクトのある資料になるのだから、絶対にやるべきだ。

■ 単位なども可能な限り小さい文字にする

今年度の売上の概要	今年度の売上の概要
・100円より 200円の商品が好調	・100円より 200円の商品が好調
・550kg以上は割引率が高い	・550kg以上は割引率が高い
・4200台までが限界	・4200台までが限界
・1200人に客数を大幅拡大	・1200人に客数を大幅拡大

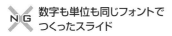
数字も単位も同じフォントでつくったスライド

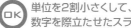
単位を2割小さくして、数字を際立たせたスライド

矢印は左から右、上から下へ

　矢印はプレゼンの中で、とても重要な意味を持つ。だから自然な目線移動に逆らわない使い方をすることが大切だ。

　人はスライドを見るとき、目線を「左から右」、「上から下」、つまり「Z」に移動させる。だから矢印はこのどちらかを向いているのが自然で、逆向きだと、なんとなく気持ち悪く、見づらいと感じる。

　例外なのは「右肩上がり」だ。右肩上がりは成長を意味するからとても印象がよく、とくに経営者やエグゼクティブは大好きだ。売上、利益、株価、顧客数、従業員数など、向上や改善、拡大をあらわすときに、大げさなくらい右肩上がりの矢印をつけるとよろこばれる。

　矢印は「図形」から、「線」から、「文字」から、「SmartArt」から、「画像」から、といろいろなつくり方ができる。矢印の中に文字を入れたい場合は、SmartArtや図形が便利だし、文章の中で使うなら文字入力がいいし、画像から探して、加工しておしゃれに使うのもいい。もちろん向き、大きさ、色など自由自在にデザインできる。

　用途にあわせて効果的に使うことで、大きなインパクトを与えるだろう。

■ 自然な目線移動に逆らわない

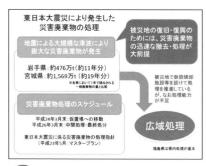

OK　矢印は左から右、上から下向きに

OK　例外として、右肩上がりは好印象

余白があったら空白をつくる

　プレゼンのスライドで、情報が少ないと、文字が上に寄ってしまうことがある。そんなときは、「余白」をそのままにするのではなく、行間をあけて、「空白」をつくるとバランスがよくなる。

　もちろん文字をもっと大きくしてもいいし、フラッシュプレゼンテーション（104ページ参照）のように、大きな文字を真ん中にどーんと持ってくる手法もあるが、それはなかなか勇気のいることだ。ここでは、余白を空白に変えて、バランスのいいスライドをつくるということを伝えたい。空白があると見やすい上に、メモも取れて便利なのだ。

　大人数のプレゼンやセミナーでは、下4分の1は空白にする。これは一般論として昔から言われていることだが、下4分の1は、前の人の頭とかぶって、後ろの人が見づらいからだ。動画では、下4分の1と右上をあける。下はテロップを入れるし、右上や右下にワイプやロゴ、タイトルなどを入れることが多いからだ。

　このように、用途にあわせて空白をつくり、相手が見やすいように、見せたいものがきちんと見えるように、考えながらスライドをつくることが大切だ。

■「余白」より「空白」

住宅供給数の比較
・関東　38,059 戸
・関西　15,389 戸

住宅供給数の比較
・関東　38,059 戸
・関西　15,389 戸

NG　情報が上部に集中し、ムダに余白が多いスライド

　空白があり、見やすい、メモも取れるスライド

必要な情報をわかりやすく伝える

PowerPointのスライドに限らず、企画書や、原稿、ブログなどあらゆるところで無意識にやっている人をよく目にするのが、スライドのタイトルと同じ内容を1行目に入れることだ。これは、はっきり言ってムダである。いきなり本文からはじめればいいのだ。どうしても書く必要があるなら、言葉を換えたり、より詳しく言い換えたりして、重複しないように工夫するべきだ。

スライドは限られた面積の中で、必要な情報をわかりやすく、簡潔に書くのが鉄則だ。タイトルに限らず、この中で重複する文字や表現はできるだけ排除する。文章で長々と説明するより、キーワードで短く掲示し、理解速度を上げた方がわかりやすい。プレゼンは言葉で補うことができるのだから、ていねいな説明は口で補足すればいい。資料だけですべてを説明する必要がある企画書とは根本的にちがうのだ。

もちろん、これはケースバイケースである。エグゼクティブ向けのプレゼンなら、ていねいに説明した方がいい場合もあるし、相手に合わせて考えるべきだ。

また、日本人は枠をよく使うが、アメリカ人はあまり使わない。枠は視野を狭くするから、ムダな枠や囲みも不要である。

■ タイトルと全く同じ1行目は不要

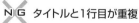

■ 文で説明しないで「キーワード」で代用

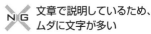

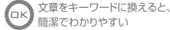

NG 文章で説明しているため、ムダに文字が多い

OK 文章をキーワードに換えると、簡潔でわかりやすい

■ 不要な「枠」は削除

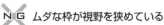

NG ムダな枠が視野を狭めている

OK 枠をなくすと、視野が広がりスッキリする

グルーピングで情報をまとめる

　下記のスライド、どちらが見やすいだろうか?

　左はカップケーキと材料を見て、下の3つのイラストからカップケーキを探す…というように、スライドの中をあちこち見なければいけないから、視線が散るし、読み取るのに時間がかかる。

　しかもこれは、カップケーキとホットケーキとショートケーキが何なのか、みんな知っているからイラストを探すことができるが、どれも知らない人が見たら、イラストと情報を結びつけることができない。

　たとえば、これがネジだったら、3種類のネジのイラストがあっても、どのネジのことか、素人にはまったくわからないだろう。

　それに対して右は、ひとつのエリアに情報がまとめられているから、ケーキのことを知らない人が見てもすぐに理解できる。目線移動もスムーズで、短い時間で情報を読み取ることができる。これを「グルーピング」という。

　資料は知らない相手に伝えるという前提でつくらなければならない。相手の認知度がわからないなら、誰が見てもわかるようにつくるのが基本だ。

■ グルーピングを意識する

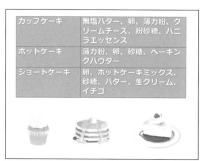

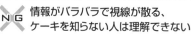

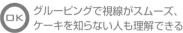

配置、大きさ、向きをそろえる

　PowerPointのスライドに限らず、あらゆる資料に言えることだが、イラストや図、文字の位置がそろっていないと気持ちが悪い。

　たとえば、左のように、イラストの大きさがバラバラとか、規則的に並んでいないとか、文字が左右にずれ、行間もバラバラなのは、見ていて落ち着かないし、あり得ない。右と比べると、きちんと感のちがいが一目瞭然だ。

　これは私が几帳面だからとか、そういう問題ではない。資料は相手のためにつくるもので、相手が見てどう思うかがすべてだ。バラバラとした資料は、雑でいい加減な印象を与え、「この人に仕事を頼んでも大丈夫だろうか?」と不安にさせる。どんなにプレゼントークが上手くても、「口先だけの適当な人かもしれない」と思われ、信頼は得られないだろう。

　私が選ぶ立場だったら、同じ条件、同じ力量なら、きちんとした資料をつくる人に仕事を任せる。仕事には気遣い、気配りがとても大切で、資料づくりはその一部だが、それすらきちんとできない人に、気遣いはできないだろうと判断するからだ。だから私は、資料だけでなく、あらゆるところに細かい気配りを忘れない。

■ イラストや文字をそろえる

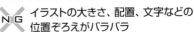

NG　イラストの大きさ、配置、文字などの位置ぞろえがバラバラ

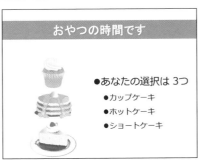

OK　きちんと配置されたイラストや文字は見ていて気持ちがいい

強調したいところをデフォルメする

　表を見せて説明するとき、必ずしも同じ大きさ、同じ色にそろえる必要はなく、強調したいところを目立たせても構わない。

　たとえば、下記の2つの表は、世界遺産の数を示したものだ。「世界遺産の多いイタリアにぜひ訪れてください」と伝えるプレゼンである。

　左の表を出して説明しても、イタリアの次の中国も気になるし、スペインやドイツにも興味がわく。

　ところが右の表は、イタリアのフォントを大きくして、行の高さを伸ばし、背景色も変えて目立たせている。パッと見てイタリアに目が行くし、比較的、長い間イタリアに目線が留まるだろう。仮に視線が下に行ってしまったとしても、またイタリアに戻ってくる可能性が高い。つまり、視点誘導を固定化することができるのだ。

　これは海外のスライドでよく使われる手法で、「デフォルメ」という。論文や調査報告書といった形式的な文書でない限り、使ってもいいテクニックだ。

　より見やすく、わかりやすく伝えるなら、表よりもグラフの方がいい。グラフについては次ページで解説する。

■ 強調したい行は強調してもよい

世界遺産の大変多い "イタリア"

国名	数
イタリア	49
中国	45
スペイン	44
ドイツ	38
フランス	38
メキシコ	32
インド	30
イギリス	28
ロシア	25
アメリカ	21

世界遺産の大変多い "イタリア"

国名	数
イタリア	**49**
中国	45
スペイン	44
ドイツ	38
フランス	38
メキシコ	32
インド	30
イギリス	28
ロシア	25
アメリカ	21

NG デフォルメのない、全部同じ幅の表

 OK 強調したい行だけ文字を大きく、背景色を変えて目立たせた表

（左余白縦書き）
5　エバンジェリストに必要なスキル　②準備・資料づくり

グラフにはトレンドがある

　グラフはPowerPointで簡単につくることができる。たくさんのパターンの中から自由に選んで、数値や文字を入力し、色も大きさも自由にデザインできる。しかし、つくり方をまちがえると、ダサいグラフになってしまうから、注意が必要だ。グラフのつくり方は、時代とともに進化する。次の5つのポイントに注意して、今のトレンドに合った、クールで見やすいグラフをつくろう。そして、トレンドが変わったら、その時代に合ったグラフをつくることが大切だ。

ダサいグラフにならないためのポイント

❶ ムダな線（軸のメモリ）はできるだけ少なく、薄く、目立たせない

❷ 立体は今は時代遅れ。平面の棒グラフが◎

❸ 別枠の注釈、説明をなくし、視線が散るのを避ける

❹ 派手な原色は×、淡いシャーベットカラーが◎

❺ 最近は棒グラフより、アイコングラフがトレンド（PowerPointを使ってつくる）

■ 最近のグラフのトレンド

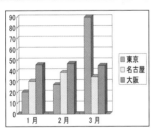

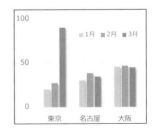

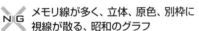
メモリ線が多く、立体、原色、別枠に
視線が散る、昭和のグラフ

○K メモリ線が少なくて薄い、平面、
シャーベットカラーの棒グラフ

○K 棒グラフよりも新しい、数字がイメージ
しやすいアイコングラフ

数字や文字だけでなく「絵」で伝える

　下記のスライドは、「りんごの重量が2トンもあって重い」ということを表現している。どちらがわかりやすいだろうか?

　左はりんごのイラストで、りんごの話をしていることはすぐにわかる。でも、「重い」、「2トンもある」ということは、文字を読まないと頭に入ってこない。

　それに対して右は、シーソーの絵があり、パッと見ただけで、りんごがゾウよりも重いという情報が目に入る。りんご1個がゾウより重いなんてことはあり得ない。そう思ってよく見ると、「2トン」という文字が目に入る。たったこれだけで、「りんごの総重量が2トンもあって、ゾウよりも重い」ということが一瞬でわかるのだ。

　絵を使って、「様子や状態を伝える」ことで、頭の中で想像がふくらむ。想像した情報は、読む、聞くよりも記憶に残りやすいと言われ、「りんごめっちゃ重いじゃん!」とか、「ゾウより重いって本当?!」と相手が頭の中で考えたことは、より強く印象に残るのだ。だから、少しくらい大げさでも構わない。もちろん、ウソはいけないが、まちがってなければOKだ。

　正確かどうかではなく、相手が想像できるかどうかが、大切なのだ。

■ 数字や文字だけでなく「様子」で表現する

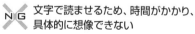

NG 文字で読ませるため、時間がかかり、具体的に想像できない

OK 絵で様子を伝え、想像させる、短時間で記憶に残るスライド

写真やイラストで
表現の幅を広げる

　文字よりも絵で表現する方が短時間で記憶に残る。だからPowerPointには無料で使える著作権フリーの写真やイラストがたくさん入っている。

　ひと昔前は、「クリップアート」という機能を使っていたが、今はそれがなくなり、「ストック画像」からいろいろな画像が選べるようになっている。たとえば、「食べ物」を検索すると、いろいろな食べ物の写真がズラッと出てくる。「赤」を検索すると、赤色の入った写真がたくさん出てくる。「写真」だけでなく、「アイコン」、「人物の切り絵」、「ステッカー」など、とにかく豊富にある。ここからイメージに合う画像を探して挿入するだけで、よりわかりやすい、魅力的なスライドをつくることができる。

　私はそのほかにも、「Adobe Stock（アドビストック）」と「Motion Elements（モーションエレメンツ）」を契約している。これらは有料コンテンツだが、膨大な量の画像から検索でき、よりイメージにぴったりの画像を探すことができるからおすすめだ。

　さらに写真やイラストは、ただ貼りつけるだけでなく、それを加工して、より魅力的にデザインすることもできる。サイズを変えたり、トリミングしたり、ななめにしたり、色味を変えたり、という基本的な加工はもちろんできるし、今は背景を消して部分的に切り抜く、いわゆる「切り抜き」という加工もできるから、とても便利だ。切り抜き画像は、画像を挿入したときに「背景を削除」をクリックして、切り抜きたいエリアをマウスで指定するだけで、簡単に作成できる。

　画像や文字の配置など、デザインに迷ったときは「デザインアイデア」を使う。PowerPointがさまざまなパターンのデザインを提案してくれて、その中からイメージに合うものを選ぶだけで、あっという間におしゃれなスライドが完成する。もちろん、そこからさらにデザインのカスタマイズや、文字・画像のサイズ、色なども自在に調整できる。

　これをもしゼロから手作業でつくったら、相当な時間がかかるだろう。それ以前に、こんなおしゃれなデザインアイデアは、自分ではなかなか考えつかない。でもこの機能が搭載されたおかげで、よりスタイリッシュで、オリジナリティーのあるスライドを、短時間でつくることができる。

SECTION-58
動画で体験を
デモンストレーションする

PowerPointに挿入できるのは静止画だけではない。スライドに動画を貼りつけ、プレゼンの中で、動画を使って説明することができる。これは、写真やイラストだけでは表現できなかった動きや質感を、よりリアルに、魅力的に伝えることができる、とても効果的なテクニックだ。

挿入する動画は、事前に別のアプリで編集したものを「ビデオ」で貼りつけてもいいし、「画面録画」で今録画してつくってもいい。PowerPointだけでなく、Wordでも、Excelでも、ウェブサイトでも、パソコン画面に映るものはすべて録画でき、動画編集も簡単だ。

たとえば、プレゼン会場に持ち込めないものや、それを実際に使っている様子を動画で撮って見せてもいい。ウェブ上のシステムやサービスを見せる場合は、ログインしてから使用するまでを、まるで体験しているかのように見せることもできる。しかも、画面上でできるデモンストレーションを事前に撮影しておけば、当日はそれを流すだけだから、失敗することはない。動画を使うことで、表現の幅は無限に広がるのだ。

ただし、動画は配付資料では動かない。それを理解した上で、プレゼンの演出のひとつとして、上手に活用しよう。

▶アニメーションは多用しない

多くの企業が動画を活用するようになり、逆に使われなくなっているのがアニメーションだ。昔はアニメーションをつけて、文字や画像がビヨーンと登場したり、くるっと回ったり、派手に演出したが、今はもう使わない。マイクロソフトの人間である私が言うのもおかしいが（笑）、エバンジェリストとして、あえて言いたい。

アニメーションは印刷されない。データでも、配布資料にするとアニメーションはわからなくなるから、アニメーションに頼る演出は意味がなくなる。また、プレゼン時に、アニメーションを動かすつもりが、クリックしすぎて画面がおかしくなったり、まちがえて「戻る」を押してしまったり、ハプニングの原因になりやすい。

　さらに、オンラインでは伝わりづらい。何より今の時代、派手な演出は好まれない。つまり、トレンドではないということだ。それに今は、動画をはじめ、もっと魅力的な演出方法がたくさんある。もっといい伝え方がある。だからあえて、アニメーションは使わなくてもいい。

　もしもアニメーションを使うなら、機能を説明するために効果的な場合に限る。要するに、演出のためにアニメーションを使うのは、おすすめしないということだ。

● しゃべったことがそのまま文字になる音声入力

　文字入力が多いときは、ホーム画面にある「ディクテーション」という音声入力機能を使うと早い。これはPowerPointだけでなく、オフィス全体で使える機能だから、Wordで長文の原稿を書くときにも重宝するし、動画や録音の音声を文字にする「文字おこし」にも使えて便利だ。しかも、英語やフランス語、中国語など、さまざま言語に対応していて、入力ミスは比較的少なく、少しの手直しで文章をととのえることができる。

　このように、PowerPointには、素晴らしい機能がたくさんついている。より魅力的な資料を、より効率的につくることができるのだから、IT系でなくても使いこなすべきだし、活用しないのは損である。

　プレゼンは一期一会のワンチャンスだ。時間を割いて話を聞いてくれる人のために、私なら、最新の機能を使って、最善の準備をして、誰にも負けない最高のプレゼンをしたいと思う。

COLUMN　インターネットのエバンジェリストに

　1995年は私にとって1つ目のビッグウェーブ「インターネット」に魅了された年だ。当時は今のように簡単にネットにつながる環境ではなかった。Wi-Fiもプラグインもなく、ネットに接続するためにはISP（インターネットサービスプロバイダ）と契約し、モデムとパソコンをつなぎ、電話回線を使ってネットに接続していた。このダイアルアップ接続は、ネットに接続している間ずっと、電話をしているのと同じだけの電話料金がかかった。うっかり何時間もつなぎっぱなしにすると、とんでもない料金が後日請求された。定額料金になるのはもっとずっと後のことである。

　1995年1月に阪神・淡路大震災が起きた。その写真がネットにどんどんアップされ、岐阜にいながらリアルタイムで見られることに衝撃を受け、これを伝え、広めたいという気持ちがわき上がった。会社に直訴したが認められず、独立してISPの立ち上げ事業をスタート。ネットの魅力を伝えて、開設までをサポートする業務は、今思えばまさに「インターネットのエバンジェリスト」である。

CHAPTER **6**

エバンジェリストに
必要なスキル
③伝える技術

しゃべりは誰でも上手くなる

「伝える技術」はエバンジェリストにとって最も重要なスキルである。エバンジェリストは言葉、話し方、会話、表情など、伝える技術を駆使して魅力を伝え、相手の心を動かすことが仕事だ。

CHAPTER 4〜CHAPTER 5で解説した知識のインプットも、資料づくりも、ステージに立つための準備であり（もちろん準備も大切だ）、プレゼンテーションが成功するかどうかは、伝える技術にかかっていると言ってもいいだろう。

よく「西脇さんは子供の頃からしゃべるのが得意だったから」とか、「私は人前で話すのが苦手で」とか、「向いてないんです」と言う人がいるが、私はそうは思わない。確かに、何も努力をしなくても、生まれつきしゃべるのが上手い人はいるが、伝える技術を学べば、どんな人でも必ず上達する。これは、小学生から大人まで、あらゆる年代の人たちに広く教えている私が実感していることだから、まちがいない。

しゃべるのが苦手な人は、本書で、それを埋めるテクニックを身につければいい。苦手意識は思い込みであることがほとんどだ。

📦 「存在感」と「巻き込み力」が基本

伝える技術の中で、私がとくに大切にしているのが「存在感」と「巻き込み力」だ。

「存在感」とは、その人が持つ雰囲気や輝きのようなものである。第一印象はわずか数秒で9割以上が決まるとも言われ、ステージに立ったときの存在感で、「この人から話を聞いてみたい」、「この人がすすめるならやってみよう」と相手に思わせることができたら、相手は聞く耳を持ち、心を開いてくれる。そして、話の内容や話し方で、相手に良いイメージを残すことができたら、存在感に信頼感が加わり、相手を動かす力になる。

存在感を決めるのは、見た目だけではない。もちろん、清潔感のある身なりは必要だが、話し方やしぐさ、声、表情から伝わる自信と誠実さ、経験値、そしてこのプレゼンにかける想いが存在感をつくり出す。

　「巻き込み力」は、相手を会話に引き込み、一体感をつくり出す力だ。相手をどれだけ巻き込むことができるかで、場の空気がガラッと変わる。アウェーをホームに変えることもできるし、話を最後まで飽きずに聞いてくれるかどうかは、巻き込み力にかかっていると言ってもいい。

　巻き込みがとても上手いのが、ニュース解説でおなじみの池上彰さんだ。相手に質問して発言を促し、会話で巻き込み、インパクトのある言葉でテレビの前の視聴者まで釘づけにする。どんなテーマでも相手を巻き込むことができる、素晴らしいテクニックの持ち主だ。

　伝える技術というと、アナウンサーのように上手く、滑舌よくしゃべらなければいけないと思う人がいるかもしれないが、そういうことではない。エバンジェリストはアナウンサーではないし、プレゼンは朗読ではない。上手く読むことが目的ではなく、魅力を伝えることが目的だ。

　つまり、エバンジェリストが参考にすべきなのは、アナウンサーのように美しい言葉で読み上げる人ではなく、「存在感」と「巻き込み力」のある、魅力的なしゃべりができる人だ。

　「存在感」と「巻き込み力」は、プレゼン全体の印象に大きく関わり、結果にも影響を与える、「伝える技術」の基本である。最初は難しいと思うかもしれないが、日々の努力と、情熱と、経験を積み重ねることで磨かれる、誰でも上手くなるスキルだ。

6 エバンジェリストに必要なスキル ③伝える技術

つかみは最初の5分で決まる

　つかみとは、プレゼンテーション冒頭の、本題に入る前の、場づくりの時間である。参加者にとっては、講師がどんな人なのかを探り、声の大きさ、速度、トーン（高さ）、しゃべりのペースに慣れるための大事な時間で、講師にとっては、参加者の反応や場の空気を探り、どれだけ興味を持って聞いてくれるかを推し量る大事な時間だ。お互いに探り合うのだから、相手が初対面の場合はとくに、大事に、ていねいに過ごすべきである。

　つかみで笑わない客は、その後も笑わない。途中で笑わせようとすると、相当苦労するか、自虐ネタしかない。だから昔は「最初の5分で笑いをとれ」とよく言ったものだ。

　オンラインでは相手の笑い声は聞こえないということもあり、今は、笑いをとることよりも、「相手との距離を縮めて、場をあたためる」といった方が正しいかもしれない。とにかく、昔も今も、つかみはとても大切だ。

　つかみで相手との距離を縮めるために、私が実際にやっている5つのテクニックを紹介しよう。

TECHNIQUE-1　最初はゆっくり、ていねいに

　私は早口だが、慣れない相手に最初から自分のペースで話したりはしない。相手が私の話すスピードや声の大きさ、トーンに慣れるまでは、最初はゆっくりと、ていねいに、できるだけ短い文で簡潔に説明する。慣れてきたところで、少しずつ自分のペースに戻し、本題に入るようにしている。

　これは世界中のスピーチで使われているテクニックだ。世界的に有名な名スピーチ、名講演と呼ばれるものはほとんど、最初はゆっくりとスタートする。

　最近は若い人を中心に、早口の人が増えたように思う。早口も個性だし、話しやすいリズムは誰にでもある。無理に直さなくてもいいが、そのスピードに慣れてもらうために、最初はゆっくりからはじめるべきだ。

TECHNIQUE-2　終わりの時間を最初に伝える

　私はプレゼンの冒頭で、所要時間か終了時間を必ず伝える。

「今日は30分ちょうだいしています」

「この後15時までお付き合いください」

こんなふうに、あらかじめ時間を伝えることで、時間に対する覚悟ができる。相手が集中して聞いてくれる可能性が高いのだ。だから、いつ終わるかわからない話をダラダラとするより、時間を決めて、限られた時間の中でお互いに集中してプレゼンする方が絶対にいい。

TECHNIQUE-3 SNSでネタを仕込む

相手との距離を縮めるためには、共通の話題で盛り上がるのが早い。企業にプレゼンするなら、その会社のホームページは必ず見る。新商品情報やプレスリリース、ニュースがあればチェックする。さらにTwitterやInstagramで話題になっていることを探す。

地方で講演をするときは、その土地のニュースや天気、名物、観光スポットも必ずチェックする。共通の話題や旬なネタは、できるだけたくさん仕込んでおいた方がいい。

たとえば、飲料メーカーでプレゼンするときは、ホームページをチェックして、その会社の売れ筋商品や、その部署が開発したこだわりの商品を調べ、事前に飲んでみる。TwitterやInstagramで口コミをチェックする。

そしてプレゼンのつかみで、「私、御社の人気商品○○の大ファンなんですよ」とか、「今朝も飲んできました。甘さがちょうどよくて、クセになるおいしさですよね」とか、「新商品の○○は、SNSでも話題になっていますね」と言う。

一度でも飲んだことがあれば、本当は大ファンでなくても、味について語ることができるし、会社の商品をほめられて、うれしくない人はいない。ちょっとしたひと言で距離が縮まり、プレゼンも好意的に聞いてくれるのだ。

埼玉県 蕨市で講演するときは、まず「蕨市」のホームページや「蕨市観光協会公式サイト」を見て、その土地の名物や観光スポットなどをチェックする。それからTwitterとInstagramで「蕨市」と検索する。すると、食用を目的としたセミの捕獲禁止の立て看板や、豚ラーメン、焼き肉屋オープン、わらびりんご公園など、いろいろなキーワードが出てくる。

そこで私は、「さっき公園でセミの看板を見たんですよ。蕨市にはセミを召し上がる方がいらっしゃるんですね。私はまだ食べたことないんですけど、お

いしいんでしょうか?」と言うと、相手は笑顔になる。もちろん、実際に公園で見てきたわけではない。蕨市の人たちと親しくなるために、蕨市について調べてきたということに意味があるのだ。

「小学校のときに遠足で来ました」とか、「家族旅行で訪れたことがあります」とか、「蕨市のりんごが好きで、毎年取り寄せているんです」といったエピソードがあればベターだが、何もなくても、SNSを使えば、地元の話題を集めることができる。

しかもこれは3分もあればできることだ。だから私はいつも、プレゼンの直前に検索する。地名、社名、人名などで検索し、ひと通り目を通してからプレゼンに臨んでいる。

SNSがなかった時代は、新聞や地方紙、業界誌などに目を通して、話題になりそうなネタを探すしかなかったから、情報収集には苦労した。大手企業や話題の豊富な都市ならまだ可能性はあるが、蕨市のネタがそんなにタイミングよく見つかることはまずない。それが、インターネットができて、ホームページや情報サイトがつくられ、SNSが盛んになって、情報収集はかなり楽になった。とても便利な時代だ。

この「相手と共通の話題を探す」という準備は、プレゼン相手のことを知るという意味でとても重要だし、相手に対するマナーでもある。プレゼンに限らず、営業でも、デートでも、友達と仲良くなるときにも役立つだろう。

TECHNIQUE-4 相手を巻き込み、参加させる

「巻き込み力」は伝える技術の基本であり、プレゼン全体を通して必要なスキルだが、つかみではとくに重要な役割を果たす。質問をして回答してもらう、あるいは挙手してもらうなどで相手を巻き込み、参加させ、一体感をつくり出す。

質問はできるだけ簡単で、答えやすい方がいい。たとえば、「今日はどこから来たんですか?」、「このクソ暑い中、歩いてきた人!」、「雨ふりそうですね。傘持って来ましたか?」という感じで、深く考えなくても答えられることを聞く。これが「新商品の○○について知ってる人!」とか、「セミナーに満足した人!」という質問だったら、ちょっと考えなければいけないし、答えづらく、手をあげづ

らい。

　オンラインなら、チャットで返事をもらう。「今、自宅ですか？　職場ですか？　チャットで書いてください」と言う。返事が続々と届いたら、「自宅の人が多いですね」とコメントし、相手に参加型であることを意識させる。

　これは、お笑い芸人の「客いじり」のようなものだ。漫才をするときに、まず客席をいじる。「わー、今日はいっぱい入ってますね〜。前の方だけ」というと、お客さんは心をつかまれて笑顔になる。

　客いじりの天才と言えば、綾小路きみまろさんだ。「奥さんのファッションすごいね、エルメスのようなしまむら。いや、シルクのようなポリエステル」（笑）。いじられた人も、ほかの人も大爆笑で、誰も嫌な気持ちにならない。ここまで高等ないじりや大爆笑は無理でも、キャッチボールをすることで、一方的なプレゼンが双方向のコミュニケーションに変わるのだ。

　この「巻き込み」という手法は、まず冒頭で使って相手との距離を縮め、プレゼンの要所、要所で使って、飽きさせないように、寝させないようにすると効果的だ。

TECHNIQUE-5　空気を読んで、柔軟に対応

　プレゼンを何度も経験すると、相手の心をつかめたか、すべったか、空気でわかるようになる。空気というのは、相手の気持ちを表情や雰囲気から感じ取るということだ。空気を読むことができなければ、臨機応変に対応することはできないし、相手を楽しませることも、魅力を伝えることもできない。空気を読むことは、コミュニケーションの基本でもある。

　仕込んできたネタを披露しても、シーンとしてしまうときや、質問をしても挙手を求めても、反応がないことがある。そういうときは、まず自分のことを話して、自分から距離を縮めてみる。それから「みなさんはいかがですか？」と巻き込むと、相手は答えやすくなる。

　笑いをとりたいときは、自分がニッコリと笑って、「ここは笑うところですよ」というのが伝わるように話すと、相手も笑いやすい。表情がなくて、冗談なのか、まじめに話しているのかわからない人がたまにいるが、それでは相手も笑っていいのかわからない。明らかに笑えるネタだったら、あえて笑わずにしゃべるのもおもしろいだろう。でもそこまでのお笑いスキルがないなら、ユーモ

アたっぷりの笑顔で、笑える空気感を自ら醸し出してしゃべる方が、相手が笑ってくれる確率が上がる。

　笑いのあるプレゼンは空気をなごやかにするが、他社批判や、他人の悪口で笑いをとってはいけない。毒舌が許されるのは、一部の芸能人やプライベートの飲み会だけで、ビジネスや公の場で、誰かを傷つけて笑いをとるのはNGだ。笑ってほしいなら、誰も傷つかない自虐ネタにすべきである。
　ついでに言うと、下ネタは相手によってはユーモアになるが、相手が不快に感じればセクハラになる。その場が凍りつく大惨事や、後日、大問題になる危険性もあるから、基本的にはおすすめしない。

　つかみの5分で手応えがなかったら、私はちがうネタで、もう一度挑戦する。中途半端なつかみで本題に入るより、しっかりとつかんで本題に入る方が、プレゼン全体の質が上がるからだ。2回やってもつかめないときは、さすがに一度あきらめて本題に入るが、少し時間をおいてもう一度トライする。
　そのぐらい、つかみは私にとって重要なものだ。というより、すべったままではくやしいから、なんとしても成功させたいというのが本音である(笑)。

手や指、全身を使って表現する

　プレゼンテーションを1つのショーだと考えると、棒立ち、棒読みではつまらない。手や指、全身を使って、動きのある絵作りをした方が、見ている人は飽きずに楽しめる。とくに参加人数が多い、大きな会場のときは、大げさなくらいに手や指を動かし、ジェスチャーを大きくする方がいい。

　たとえば、大きさ、位置や場所、立場を説明するときは必ず手を使う。「まるまる太った大きなネコが・・・」というなら、実際のネコの大きさを手で表現したり、「あちらに飾ってある作品は・・・」というときは、作品の方向を手で指し示した方が目線誘導になる。ほかにも、「私は」と胸に手をあてたり、「みなさんは」と指先を相手に向けたり、立場をあらわすときも手を使うとわかりやすい。

　数を説明するときも手と指を使う。「みなさんにお会いするのは3度目ですね」、「月3回は出張で飛行機に乗っています」このように数字が登場するときは、指を3本立てて表現する。恥ずかしがる人がいるが、これは自信を持って堂々とやるべきだ。小さい子に「いくつ？」と聞くと、「3ちゃい（歳）」と指を3本立てて言うように、私たちが子供の頃からやっているとても自然な身ぶりである。

　順序を説明するとき、カウントをするときも手と指を使う。「東京の羽田空港から飛行機に乗って、新千歳空港に到着し、JRと地下鉄を乗り継いで、最後はタクシーに乗ってここまで来ました」。こういうときは、プロセスごとに指を折り曲げたり、指を立てたりして、順序を説明する。

　カウントするときは、「私は果物が大好きです。メロン、桃、シャインマスカット・・・」と同じように指を使って説明すると、絵に動きが出る。

　さらに、手をたたいたり、指をならしたり、机をたたいたり、音を立てて注意を引くのも効果的だ。落語や漫談では、注目してほしい大事な場面に、扇子で机や床をバンバンとたたく。プレゼンでも、適度な効果音は注目を集める。

　考えるふりでひきつけるテクニックもある。こめかみや眉間に人差し指と中指をあてて、「えーっと・・・」と考えているふりをして、「そうだ！○○だ！」と今ひらめいたかのように言う。もちろん、本当は答えを知っている（笑）。知っていても、あえて考えているジェスチャーをすることで「ため」ができる。この数秒間が、相手の想像をかきたて、興味を引くのだ。何かを強調したいとき、私はよくこのテクニックを使って、考えるふりをする。

プレゼン中の目線と
誘導する話し方

プレゼンテーション中、自分の目線をどこに置くのがいいのだろうか？まず、いちばんよくないのは下を向くことだ。官僚が書いた文章を、下を向いたまま読み上げる国会議員の答弁に説得力がないのと同じである。手元の資料を読むときも、ときどき目線を上げて、30％以上の時間は会場や顧客を見てしゃべるべきだ。

逆にずっと上を向いているのもよくない。右上や左上も同じだ。バカっぽく見えるし、上に何があるのか気になって、内容が入ってこない。

理想的な目線は、会場中央と後方の間あたりを見ることだ。落ち着いて、自信にあふれて見える、話し姿が最も美しい目線だ。

同じところをずっと見ているのもおかしいから、ときどき左右や前後にゆっくりと目線を移動させる。最前列を左右に見たり、最後列を左右に見たり、対角線に目線を移動したり、会場全体をゆっくり見渡すのも効果的だ。

🔷 相手の目線を誘導する話し方とは？

プレゼン中に相手がどこを見ているのかを常に意識して、目線を誘導しながら話をすることで、より効果的に伝えることができる。相手は紙の資料を見ているのか、プロジェクターを見ているのか、自分の顔や動きを見ているのか、それによって演出が変わってくるからだ。

たとえば、相手が紙の資料を見ているときに、手や指を使ってジェスチャーをしても、誰も見ていない。グラフの説明をしているのに、相手がグラフを見ていなければ、説明は頭に入らない。プレゼンというショーの中で、すべての仕掛けを全員にちゃんと見てもらうためには、目線がバラバラにならないように、しっかりと誘導することが大切だ。

伝えたいことはPowerPointの資料にすべて書いていると思うが、それをただ読み上げるだけなら、プレゼンをする意味はない。資料を提出して、それですべてが判断されるようなときは、誰が読んでもわかるように、資料をていねいに書き上げるべきだが、プレゼンは自分の言葉で補うことができる。

表情や動きで表現したり、冗談を言ってなごませたり、相手を巻き込んで参

加させたり、しゃべるという行為が加わることで、何十倍も魅力的に伝えるチャンスをもらっているのだ。

つまり、資料にすべて細かく書いてしまったら、読み上げるだけになってしまうから、書くこと・書かないことのバランスを考えながら資料をつくる必要がある。

では、何を書き、何を書かないのか?

まず、最も伝えたいこと、大事なことは、必ず資料に書く。グラフや図表、説得力のある数字も資料に記載した方がいい。写真やイラストなど、具体的にイメージできる画像は、言葉で説明するよりも目で見た方がわかりやすいから、これも資料に入れる。これら以外のサイドストーリー、細かい説明、体験談や感想、エピソードなどを口頭で補うと、プレゼンがより魅力的になる。

グラフや写真など、資料を見てほしいときは、資料に視点誘導する。手で、「こちらのグラフを見てください」と指し示してもいいし、CHAPTER 5で準備した赤ペン、蛍光ペン、スポットライトを使ってもいい。このとき、表やグラフの重要な数字は簡略化せず、正確に読み上げる。

強調されている文字、つまりそのスライドでいちばん伝えたいこと(1スライド、1コンテンツでつくっているはず)は、位置を説明して、視点誘導してから読み上げる。相手に文字をしっかりと読ませ、視覚・聴覚の両面から情報をインプットしてもらうためだ。

スペックや仕様など、それほど重要ではないが一応書いておきたい情報は、資料に書くだけで、読み上げる必要はない。「興味のある人は後でゆっくり読んでくださいね」と言えばいい。

資料にない話をするとき、相手は私の顔や動作を見るはずだ。こういうときは、手や指を使って、大きな動きで、表情豊かに話す。たとえば、「○○は大事だ」ということをスライドで伝えたら、なぜ大事なのか、大事にしないとどうなるのかを口頭で補う。大事にしなかった結果、こんな悲惨なことになったという失敗談を話す。シャインマスカットの魅力を伝えるなら、食べたときの音や食感、味などを口頭で説明する。

こんなふうに、スライドとしゃべりを組み合わせて、より効果的に伝えることができるのが、プレゼンテーションの魅力だ。

「最初の言葉」と「最後の言葉」だけは決めておく

　プレゼンの第一印象は、第一声で決まる。だからどんな言葉で話しはじめるか、前もって決めておくと、好印象でスムーズにプレゼンに入ることができる。

　最初の言葉より、もっと重要で失敗しがちなのが、最後の言葉だ。多くの人が、最後をしっかりと決めることができず、せっかくいいプレゼンをしたのに、残念な印象を残してしまう。

　客観的に見るとよくわかるが、最後のまとめでジタバタするのは、とにかくカッコ悪い。締めの言葉がないと、聞いている人も、いつ終わったのかわからず、どのタイミングで拍手していいのかもわからない。

　締めの言葉とは、たとえば漫才なら「もうええわ」、「やめさせてもらうわ」、落語なら「おあとがよろしいようで」、ドリフターズなら「だめだこりゃ」という有名なフレーズがある。要は、これで終わりですよ、オチがつきましたよ、という合図のようなものだ。

　プレゼンにはプレゼンの、カッコいい終わり方がある。

「ご静聴ありがとうございました」
「お時間をいただきありがとうございました」
「きっと皆様のお役に立てることを願って、プレゼンを終わります」

　このような締めの言葉をあらかじめ決めておくと、最後にあわてなくてすむ。最後にビシッと着地すると、プレゼン全体が引き締まり、相手にいい印象を残すことができる。

「短い文」を「接続詞」でつなぐ

　長い文は複雑で、理解するのに時間がかかる。だからプレゼンでは、できるだけ「短い文」で、簡潔に説明する方がいい。

　「短い文」で説明するとき、必要になるのが「接続詞」だ。「まずは」、「そして」、「それでいて」、「また」、「さらに」など、適切な接続詞を効果的に使うことで、トークにリズムが生まれ、より魅力的に、わかりやすく伝わる。

◆（例）

> 果汁が多く、やや酸味系で、酸味と甘みがほどよく調和し、すっきりとした味わいで、目にも鮮やかな紅色のりんごです。

> まずは、果汁が多く、やや酸味系です。
> そして、酸味と甘みがほどよく調和しています。
> それでいて、すっきりとした味わいなんです。
> また、目にも鮮やかな紅色をしているんです。

　さらに接続詞は、スピード調整や緊張をやわらげる効果もある。接続詞でトークに緩急をつけて、大事なところをより強調したり、「ため」をつくって注目を集めたり、よりインパクトのある表現ができる。緊張で言葉が早くなってしまったときに、接続詞を入れてひと呼吸置き、仕切り直すときにも重宝する。

　また、接続詞のタイミングで相手に目線を向けると、アイコンタクトが生まれ、「ちゃんと顔を見てプレゼンしている」という印象を与えることができる。接続詞は資料に書いてないことだから、そのタイミングで顔を上げるのは難しいことではない。たったこれだけのことで、プレゼンが生き生きとしたものになるから、ぜひ実践してほしい。

　しかしながら、接続詞は、緊張するとスムーズに出てこなくなる。まちがった使い方をして、恥をかくこともある。友達との会話では、自然に正しく使えているのに、プレゼンだとできないという人が多いのだ。

　これは、資料を読もうとしてしまうことが原因だ。文章を暗記するのではな

く、内容を理解して、自分の言葉で、口語で説明することで改善できる。資料づくりに力を入れるよりも、話し方や、伝えることに力を注ぎ、何度も練習し、場数を踏むことで、プレゼンでも自然に出てくるようになるだろう。

🧊 不要な「が」は使わない

　文頭にくる接続詞だけでなく、文中の接続助詞の使い方にも気をつけたい。中でも「が」は、前文を否定する意味合いを持ち、濁音で耳残りがよくない。プレゼンやビジネスの場では、できるだけ避けるべき接続助詞だ。

　若い人は、よく「が」を使う。しかも、文法的におかしいことも多いから、正しい使い方を知っておくべきである。

> 「今日の最高気温なんですが、35度を越える猛暑日でした」
> 「こちらの弁当なんですが、あたためますか?」

　この場合の「が」は不要である。本来、2つの文章が逆の意味になる場合に、逆接として使うのが正しい「が」の使い方だ。逆接でないのに「が」を用いるのは、文法的におかしい。

> 「今日の最高気温は、35度を超える猛暑日でした」
> 「こちらの弁当は、あたためますか?」

　このように、「が」がなくても文章として成立している。つまり、先の例文の「が」は不要だったということだ。このような文法的なまちがいは、当然正すべきである。

　では、必要なときに、正しく使うなら、「が」を用いてもいいのだろうか?私はそういう場合でも、できるだけ使わないようにしている。なぜなら、否定的で濁音が耳に残る「が」を嫌がる経営者が多いからだ。彼らにとって「が」は、自分でも使わないし、聞いて気持ちがいい言葉ではない。だから、どうしても必要なときは適宜使用することもあるが、多用することはないし、もちろん不要に使うことは絶対にない。

　逆接の説明をする場合は、一旦文章を切って、接続詞でつなげばいい。「しかし」、「ところが」、「にも関わらず」、「とはいえ」、「そうはいっても」などが逆接

の意味を持つ接続詞だ。これらを使えば、「が」を使わなくても説明でき、より簡潔でわかりやすい文章になる。もし私があえて使うとしたら、強調したいときに「が、しかしですね」と文頭につけるくらいだろう。

　「が」だけでなく、いい意味で使われない言葉は、プレゼンやビジネスの場では、できるだけ避けるべきだ。耳障りのいい、美しい言葉で表現する方がいい。

　たとえば、「くさい」は悪臭のときに使われる言葉だから、「いい香りがしない」と表現する。「狭い」は「広くない」、「大きくない」、「こじんまりしている」、「汚い」は「キレイではない」、「美しくない」などの言い方ができる。

　言葉が与える印象は強い。言葉は耳に残る。だから、いいイメージの言葉を使って、相手にいい印象を与える方が賢明だ。

「くさい」	→	「いい香りがしない」
「狭 い」	→	「広くない」、「大きくない」、「こじんまりしている」
「汚 い」	→	「キレイではない」、「美しくない」

6
エバンジェリストに必要なスキル　③伝える技術

相手の立場で表現する

　日本語は、誰の立場で話すのか（主語が誰か）によって、述語の動詞や敬語などが変わる。これは、大人でも意外とよくまちがえる、日本語の難しいところでもある。人前でプレゼンをするなら、正しい日本語を理解した上で、常に相手の立場で表現することを考えよう。

◆（例文1）

> ❶ 自分の立場（1人称）「新種のりんごをお届けします」
> ❷ 相手の立場（2人称）「新種のりんごが味わえるんです」
> ❸ 客観的立場（3人称）「新種のりんごが届けられます」

　りんごは、自分の立場で考えたら届けるものだが、相手の立場で考えたら、味わっていただくものだ。この3つの表現の中で、最も相手が想像しやすいのは❷である。りんごの魅力を伝えたいなら、常に視点を相手に置き、相手の立場で表現することが大事である。ほかの例文でも比べてみよう。

◆（例文2）

> ❶ 自分の立場（1人称）「所定の金額をお支払いします」
> ❷ 相手の立場（2人称）「所定の金額が受け取れるんです」
> ❸ 客観的立場（3人称）「所定の金額が支払われます」

　立場が変わると、表現がまったくちがうのがわかるだろう。相手の立場で上手く表現するコツは、常に主語を「みなさん」にすることだ。
　感想や体験談も同じで、「自分がどうしたか？」ではなく、「相手がどうなるのか？」を想像させることが大事である。相手に想像させるためには、自分のイメージをそのまま伝えるだけではダメだ。自分の体験をあらわす言葉（動詞）ではなく、相手が想像し、行動したいと思わせる言葉に置き換える必要がある。
　つまり、相手の気持ちになって、相手がイメージできるかどうかを確認しながら話を組み立てると、上手くいく。

「ファクト」と「オピニオン」を
組み合わせる

　相手に情報を伝えるとき、「ファクト（Fact）＝事実」と「オピニオン（Opinion）
＝推測」をバランスよく組み合わせると、伝えたいことが明確になる。

◆（例）

> 「今回は5％ほどの確立ですから（事実）、
> 　気にすることはないでしょう（推測）」
>
> 「4億円を越える被害金額で（事実）、
> 　これはとても重大なことだといえます（推測）」
>
> 「3万年前のオオカミの家畜化からで（事実）、
> 　とても長く親しい関係です（推測）」

　ファクトばかり並べても、だから何が言いたいのかわからないし、オピニオ
ンばかりでも説得力に欠ける。だから、ファクトとオピニオンを組み合わせて、
「こういう事実があるから、こういうことが言える」という伝え方をする。
　すべてをスライドに書く必要はない。スライドにはファクトを書き、それを
読み上げたときに、オピニオンを言葉で補えばいいのだ。常にファクトとオピ
ニオンを意識しながら話すことで、相手の共感を得られる強いメッセージに
なる。
　これは、池上彰さんもよく使うテクニックだ。彼はさらに上級者で、先にオ
ピニオンを言ってから、ファクトを伝えるという高度な技をときどき使う。これ
はかなり難易度が高いから、まずはファクトの後にオピニオンを添えるという
テクニックを習得するといいだろう。

「引用」と「比較」で
巻き込みながら強調

　私は「引用」というテクニックを本当によく使う。「引用」とは、他人のことを自分の話の中に用いることで、相手を巻き込み、強調することだ。これがなぜ巻き込みや強調になるのかを説明しよう。

> 引用なし「私は学生時代から水泳選手として活躍してきました」
> 引用あり「私も<u>先ほどの人と同じように、</u>学生時代から水泳で活躍しました」

　引用なしでも意味は通じる。引用ありは、自分の自己紹介にもかかわらず、半分は他人の話をしている。でも、引用ありの方が、相手を巻き込み、強く印象に残るのがわかるだろう。

　これは、自分よりも前に誰かが水泳の話をした場合には有効だ。しかし、いつもそういう人がいるとは限らないし、トップバッターでは、はじめから無理である。そういうときは、前後の引用ではなく、他者や全体の引用をする。

> 「私は<u>みなさんをはじめ、多くの人が経験のない</u>水球部に所属していました」
> 「<u>前回からお伝えしておりますように、</u>今回も○○の話の続きです」
> 「<u>みなさんもよくご存じかと思います。</u>今日の話題は○○です」

　これなら、前に同じ人がいなくても引用できる。もしプレゼン相手の名前がわかっていたら、「先ほど、○○さんもおっしゃっていましたが」と名前を入れて引用すると、相手はドキッとして、よりひき込まれ、印象に残るだろう。

　自分のことばかり伝えるより、半分を他人の話の引用にすることで、話が一方的にならず、共感を得られる。結果的に相手を巻き込み、強調することができるのだ。「引用」ではないが、「比較」することで強調するテクニックもある。

> 比較なし「私は正確なフリースローで得点力があります」
> 比較あり「私は正確なフリースローで<u>誰よりも</u>得点力があります」

　このように、言葉づかいはちょっとした工夫でとても強い表現になるのだ。

6
エバンジェリストに必要なスキル　③伝える技術

「絶対時間」と「相対時間」

「絶対時間」とは、「2020年12月25日」や「11時30分」、「明治11年」など、正確な日付や時間のことだ。それに対して「相対時間」とは、「今から30分後」、「数ヶ月後」、「この後すぐ」、「たった今」、「現在」、「もう少ししてから」、「1時間前に」、「10年前から」など、今を起点にして、どれくらいの時間が経過するのか（または、したのか）を示す時間のことだ。

プレゼンやビジネスにおいては、絶対時間よりも相対時間の方が大事である。なぜなら、相対時間の方がイメージがわき、行動に変わりやすいと言われているからだ。だから私はいつも、絶対時間と相対時間を両方伝える。

> 「アンケートは20日までに提出してください。あと1週間です」
> 「○○社は1995年設立、つまり今年で創業26年目になります」

新幹線や飛行機のアナウンスも相対時間に変わった。昔は、「8時45分に名古屋駅に到着します」と言っていた。このアナウンスが流れると、みんな時計を見て、あと何分で着くのか確認していた。ところが今は、「あと10分で名古屋駅に到着します」と言う。これによって乗客は、時計を見ることなく、降りる支度をはじめる。

相対時間は相手にとっての時間である。だから、相手に伝わるように、相手の目線でプレゼンをするなら、絶対時間だけでなく、相対時間も伝えるのが気配りだ。

6

エバンジェリストに必要なスキル ③伝える技術

言葉の「修飾」で魅力を上乗せ

　名詞を使うときは必ず、魅力的な言葉で「修飾」した方がいい。これはより長く、より魅力的な方が、気持ちや雰囲気が伝わる。

◆（例文1）

> 「みなさんは」
> 「お忙しい中、ご来場いただいているみなさんは」
> 「お忙しい中ご来場いただき、真剣に聞いているみなさんは」

◆（例文2）

> 「こちらの靴は」
> 「こちらの素敵な靴は」
> 「こちらのさわやかな色合いの素敵な靴は」

　このように、より長く、魅力的な修飾をした方が、相手は具体的にイメージできる。この手法は平成に入った頃から、かなり多くの企業で見られるようになった。

> 「ごろごろ野菜とソーセージのポトフ」
> 「とろける杏仁豆腐」
> 「渋皮栗まるごとあんぱん」

　ポトフに野菜がごろごろ入っているのは当たり前だ。ポトフはそういう料理だから。でも、それをあえて商品名にすることで、消費者はポトフをより具体的にイメージできる。杏仁豆腐がとろけるのは当たり前だが、それをあえて文字で見せることで、杏仁豆腐が口の中でとろけていくのを想像させる。あんぱんだけではそれほどひかれないが、渋皮栗がまるごと入っていると言われると、プレミアム感が増して、食べてみたくなる。

　つまり、言葉に修飾をつけることで、相手にイメージさせることができる。それによって、購入するという行動が生まれるのだ。このテクニックは、プレゼンでもぜひ取り入れてほしい。

SECTION-70

「語尾活用法」でもっと強調する

プレゼンテーションでは、その文章をどんな言葉で終わらせるかがとても重要だ。語尾によって印象が大きく変わるからだ。おもなテクニックは2つ。「体言止め」と「質問と回答」である。

> 「我々はこうやって危険性を指摘してきたのです」

この文章を「体言止め」と「質問と回答」で強調するとどうなるか、実際に見てみよう。

◆（体言止め）

> 「我々が行ってきたのはとても重要なこと、そう、危険性の指摘」

◆（質問と回答）

> 「我々が行ってきたのは何だったと思いますか？　そう、危険性の指摘」
> 「危険性の指摘を行ってきたのは？　そう、我々なんです」
> 「我々が危険性の指摘を行ってきたかどうか？　その答えはYesです」

「体言止め」は、名詞止めとも言われ、文章を名詞で終わらせて強調する技法だ。とても強い印象を与える一方で、難しく、勇気がいる表現だ。

それに対して、「質問と回答」はもう少し簡単で、やわらかい印象を与える。質問をして、相手に考える時間を与え、その後に答えを言うことで、相手を巻き込み、考えさせることができる。

これらを上手く使い分けて、緩急をつければ、メリハリが出て、より印象的なプレゼンをすることができる。

エバンジェリストに必要なスキル　③伝える技術

6

147

言いまちがえても「リワインドしない」

　言葉やセリフは、自信を持って言い切る方がいい。もし言いまちがえても、リワインド（言い直し）などせず、機転をきかせて上手くつなぎ、正しい言葉につなげ、なにくわぬ顔で、そのまま話を続ける方がいい。

　たとえば、「この季節の電力使用量は」と言わなければならないときに、「今日の」と言い出してしまったら、「今日の・・・いえ、この季節の」とリワインドするのはカッコ悪い。そういうとき、私なら、「今日のような季節の電力使用量は・・・」と無理矢理つないで続ける。

　「2021年の見込みについて」と言わなければならないときに、「2020年の」と言い出してしまったら、「2020年の業績を越える、来年2021年の見込みについて・・・」と機転をきかせる。

　これはかなり難しい上級テクニックだ。緊張していたり、余裕がなかったり、まちがえたことでパニックになってしまったら、きっともっと焦って、言葉に詰まってしまうだろう。しかしながら、ミスを誰にも知られないように、スムーズに軌道修正することができたら、プレゼンの流れを断ち切らず、最後までリズムよく話をまとめることができる。自信を持って堂々とプレゼンすることができる。これは、相手に大きな安心感と説得力を与えるだろう。

　リワインドしないで上手くつなげるコツは、ちゃんと伝えたい、ちゃんと読もうと思わないことだ。プレゼンで何を伝えたいのか、その内容や意味を理解して、自分の言葉で話していれば、まちがえても、自分の言葉でアレンジできる。そしてあわてないことだ。そのためには、練習を重ねて、場数を踏み、何があっても落ち着いて対処できるように準備することが大切だ。

スライドは「ブリッジ」でつなぐ

　次のスライドに移るとき、よくやってしまうのが、「えー」、「あー」とモタモタしたり、「はいっ」といちいち口に出したり、変な間や言葉で時間をムダにしてしまうことだ。

　これは、自分ではあまり気づいていないかもしれないが、見ていてとても気になるし、カッコ悪い。

　プレゼンテーションは流れるようにスムーズにつながっていく、1つの物語でなければならない。「はいっ」と言ってしまうのは、スライドが先に切り替わり、しゃべりが追いついていないからだ。「はいっ。こちらのグラフを見てください」とか、「えー、こちらのグラフですが・・・」とムダな間や言葉を入れてしまう。

　この変な間をなくす方法はただひとつ。スライドよりもしゃべりを先行させることだ。スライドが先行すると、ぶつ切りで、ただスライドを読み上げているだけのつまらないプレゼンに見えてしまうが、しゃべりが先行して、ほんの少し遅れてスライドが表示されると、スライドがつながり、プレゼンが1つの物語になる。

　プレゼンはPowerPointがリードしているのではなく、自分がリードしているということを忘れてはならない。

　では、どんな言葉でスライドをつなげばいいのだろうか?

　それは、次のスライドを期待させるような「フリ」になる言葉でつなぐのがベストである。このつなぎになる言葉を「ブリッジ」と言う。

　たとえば、交通事故の統計のスライドから、事故原因の分析のスライドに移るとき、「どういう理由でこれらの事故が起きているのかを探ってみたのが・・・」と言いながら、事故原因のスライドを表示する。次のスライドに関して、「体言止め」や「質問と回答」を用いてフリを入れるのも効果的だ。スライドの説明をするのではなく、スライドを使った物語を説明するように、タイミングよくフリを入れる。

　このテクニックは、紙芝居でもよく使われている。「さあ、オオカミが」と言っ

て紙芝居をめくると、子供たちの視線は一気に、次のページに集まる。お笑い芸人のフリップ芸も同じである。

🔹PowerPointの機能を使いこなす

しゃべり先行で、次のスライドのフリを入れながら進めるなら、次にどんなスライドがくるのか、把握しておかなければならない。でも、スライドの順番をぜんぶ覚えるなんて無理である。

そのために、PowerPointには「発表者ツール」という便利な機能がある（スライドショーをはじめるときに設定できる）。

会場で表示されるスライドは1枚だが、発表者のパソコンには、前後、複数枚のスライドが表示され、次にどんなスライドがくるのかわかる。全体の流れを確認するときや、時間がなくて、飛ばすスライドを選ぶときにも便利だ。

スライドショーの最中に、ページ数とリターンキーを押すと、そのページに飛ぶこともできる。これは、先に話したことを振り返ったり、ページを飛ばしたりするときに役に立つ。

また、スライドに直接書き込むことができる「赤ペン」、「蛍光ペン」、見せたい部分を拡大する「ズーム」機能も、この発表者ツールの中で使うことができる。

さらに、自分がしゃべったことを「字幕」で表示することもできる。これは、聴覚障害のある方や耳の遠い年配者にも対応できるとても便利な機能で、かなり正確に表示される。しかも、その字幕を英語やフランス語、中国語など、さまざまな言語に「翻訳」して流すこともできるからすごい。

「字幕の設定」から、「話し手の言語」と「字幕の言語」が自由に選べるのだ。字幕を上に表示するのか、下に表示するのか、スライドの中か、外かも自由に設定できる。これにより、言語が異なる人たちへのプレゼンも可能になる。

このように、PowerPointには便利な機能がたくさんある。これらを上手く活用して、魅力的に伝える手段のひとつとして、役立ててほしい。

自分のクセを見つける方法

　しゃべり方のクセは誰にでもある。それが個性になって、独特の雰囲気を醸し出す。だから、クセはあってもいいし、無理に直す必要はない。

　冒頭でも書いたが、エバンジェリストはアナウンサーではない。魅力的なクセなら、武器にもなるだろう。ただし、「はいっ」、「えー」、「あー」のように、耳障りなクセや、相手を不快にさせる話し方があれば、それは直した方がいい。クセを直すかどうかのポイントは、相手にとって聞きやすいかどうかである。

　クセは自分ではわからないから、なかなか気づかないものだ。気づくとしたら、他人に指摘されたときだろう。だから友人にプレゼンを見てもらって、クセを指摘してもらうのもひとつの手だ。もうひとつの方法は、プレゼンを録音して、書きおこしてみることだ（125ページのディクテーションを使うと便利）。

　同じ言葉を何回も使っているとか、いつも同じ言い回しをしているとか、同じような接続詞を使っているとか、文字にしてみると、自分のクセがよくわかる。

　気になるクセがあったら、今度はそれを直す練習をしよう。つい多用してしまう口癖は、あえてその言葉を使うことで、無意識に言えなくなり、克服できる。私は「本当は」を多用するクセがあったのだが、この方法で直し、今は自分でコントロールできるようになった。

私語が多いときの対処法は?

　プレゼンやセミナーの最中に私語をする人がいる。ヒソヒソとしゃべってくれればまだいいが、中には大きな声で、まわりを巻き込み、ほかの参加者の迷惑になっていることもある。

　これを放置すると、会場全体の空気が悪くなり、伝染し、あちこちで私語がはじまることがあるから、対処しておきたい。

　私語が多い人を注意するという方法もあるが、人前で注意されるのは気持ちのいいことではないし、場の空気が悪くなるのも避けたい。

　だから私は、私語をしている人を笑顔で次のようにいじる。

```
「君、何を話してるの?」
「そんなこと話してたんだ!」
「それっておもしろいの?」
```

　このように話題にすることで、場の空気を変えず、本人に私語を自覚させる。綾小路きみまろさんのように、客いじりで笑いがとれたらベターだが、さすがにそれは難しい。だからユーモアをまじえて明るくいじることで、会場全体を巻き込み、プレゼンに集中してもらう。

プレゼンで絶対に
やってはいけないこと

　プレゼンや講演、スピーチで、絶対にやってはいけないのが、持ち時間をオーバーすることだ。30分でと言われたら、30分ぴったりで終わらせなければならない。相手は次の予定があるかもしれないし、会場やスタッフの都合もある。

　とくに会場は、延長料金が発生することも少なくない。時間のコントロールはエバンジェリストにとって必須のスキルである。

　時間ぴったりに終わらせるコツは、時計を見えるところに置いて、常に時間を見て、ペース配分を考えながらしゃべることだ。見るのは腕時計ではなく、置き時計だ。腕時計をチラチラ見ていたら、相手はプレゼンに集中できないし、余裕がないように見られてしまうからだ。

　時間を気にしていることを相手に悟られることなく、さりげなく時計を見ながらしゃべるのがスマートな時間管理だ。

　演台に置ける小さな置き時計でもいいし、パソコンの時計でもいい。PowerPointの「発表者ツール」には、時間を計る機能もついている。スライド1枚何分と細かく決める必要はないが、だいたいのペース配分を決めておき、しゃべりすぎて時間がなくなってきたらスライドを飛ばして調整し、時間があまったら、エピソードを増やして調整する。

　最後に質疑応答の時間を設けて、コミュニケーションを取りながら、時間ギリギリまでしゃべるのもおすすめだ。

緊張をやわらげるテクニック

人はなぜ緊張するのだろうか?

私が思うに、緊張とは、「不安に対する考えごと」だ。不安があるから緊張する。余裕がある人は、不安がないから緊張しない。

たとえば、プレゼン中に話を聞いていない人や、寝ている人、首をかしげている人、舌打ちする人、資料を先にめくって見ている人、途中退席する人・・・。そういう人が目に入ると、「なぜ聞いてないのだろう?」、「もしかしたら、自分のプレゼンがつまらないのかもしれない」と不安になる。

不安に対する考えと迷いが焦りとなり、伝えたいという気持ちを越えてしまうと、ますます緊張が高まり、さらに伝わらなくなってしまう。そしてまたプレゼンを聞かない人を増やす、という悪循環に陥る。これが緊張のメカニズムだ。つまり、不安がなければ、緊張することはない。

TECHNIQUE-1 不安の原因をすべて取り除く

プレゼンで緊張しないために必要なのは、不安がなくなるまで何度も練習をすることだ。不安を打ち消すほどの自信を持つには、練習しかない。「これだけ練習したから大丈夫」という安心感と心の余裕を持って、楽しみながらしゃべることだ。

それでも緊張してしまう人は、話を聞いていない人(不安要素)を見ないようにすればいい。もし目に入っても、気にしない。人数が増えれば、ある一定数はそういう人が必ずいるのだから、「そんな人もいるよね」と割り切って、動じないことだ。

とにかく、不安にならないようにすることがいちばんの対処法だ。

TECHNIQUE-2 主張と発散

自分が緊張していることをあえて主張すると、気持ちが楽になる。これも不安を小さくするテクニックのひとつだ。たとえば、「今日はこのような舞台で、すごく胸が高鳴っています」、「失敗したら笑ってやってください!でもがんばります」などである。

あるいは、「このマイクよく響きますね〜」、「久々にこの地域にお邪魔して、

なつかしい気分です」など、まったく関係ない話をして、不安を発散するのも効果的だ。

TECHNIQUE-3 物に触れる

人は手が物に触れていると安心する。とくに動かない大きな物に触れているとき、安心感はさらに増すという。従って、セミナーなら演台や、ホワイトボード、黒板などに手を置いてしゃべると、緊張をやわらげることができる。

まわりに大きな物がないときは、ペンでも構わない。ペンは大きくないし、固定されてもいないが、緊張をやわらげる効果があると言われ、指導者やリーダーがあえてペンを持ってスピーチすることもある。いつも使っているペンで安心感が得られるなら、ペンを持って登壇するのもいいだろう。

TECHNIQUE-4 ペースメーカーを見つける

これは私がいつも実践している、最も効果的なテクニックだ。プレゼンを熱心に聞いてくれている人(ペースメーカー)を見つけ、その人に話しかけるようにプレゼンすると、緊張がやわらぎ、安心してプレゼンできる。要するに、話を聞いていない人や、笑っていない人を見ると不安になるから、いいリアクションをしてくれる人を見て、自分の気持ちをポジティブにキープするということだ。

ペースメーカーは前列の人でも、後列の人でも、男性でも、女性でも構わない。途中で別の人に代えてもいい。ごくまれに、大切なペースメーカーが寝てしまうことがあるから(笑)、そういうときは、すぐに別のペースメーカーを見つけて、ポジティブな気持ちのままプレゼンを続ける。

👉私はなぜ緊張しないのか?

よく「西脇さんは緊張したことないですよね?」とか、「緊張する人の気持ちがわからないですよね?」と言われるが、そんなことはない。確かに、普段のプレゼンで緊張することはないが、緊張したことはあるし、緊張する人の気持ちもわかる。

私がこれまでで最も緊張したのは、当時の総理大臣にプレゼンしたときだ。まちがいや失礼があってはいけないという緊張感と、ピリッとした現場の空気、打ち合わせやリハーサルの時間がなく、完璧な準備ができなかったこと

エバンジェリストに必要なスキル ③伝える技術

が原因だろう。ほかにも、数億円の売上がかかった商談や、失敗が許されない重要なプロジェクトでは、多少緊張する。

　普段、毎日のように行っているプレゼンやデモ、授業で緊張しないのは、何度も練習を重ねて、完璧に準備をして、自信を持ってしゃべっているからにほかならない。私は緊張しないタイプではなく、努力によって不安を払拭しているから、緊張しないのだ。

　何度も使っている会場なら、リハーサルを省略することもあるが、初めての会場なら、必ず早めに入って、会場確認とリハーサルをするし、新しいテーマやアイテムで話すときは、必ず何度も練習をする。大きなイベントなら、前日にリハーサルを行い、何度も繰り返して精度を上げる。前日なら、何か不備があっても修正できるからだ。

　また、スケジュールをいっぱいに詰め込むと、あらゆることがギリギリになり、仕事の質を落としてしまう。だから、余裕を持ってスケジュールを組み、準備の時間を十分に取れるようにすることも重要だ。

　とにかく、準備とリハーサルは、納得いくまでやる。だから私は緊張しないのだ。

　本当は緊張しているけれど、それを感じていないということもあるだろう。私は緊張をワクワクに転換して、プレゼンを楽しんでいる。

　いいプレゼンができると、自分でも手応えがある。相手の心をつかんだ瞬間、たくさんの人に感動を与えた瞬間の、あの興奮と高ぶりは、一度体験すると忘れられない貴重な感覚だ。上手く表現できないが、おそらく、アスリートがゾーンに入って、世界新記録で優勝したときのようなものだ。まるでランナーズハイのような、プレゼンテーションハイがある。このような成功体験が重なると、自信がつき、プレゼンが楽しみになる。緊張よりもワクワクの方が強くなるのだ。

しゃべりの上手い人から学ぶな

　私はヒマさえあれば、いろいろな人のしゃべりを見る。YouTubeでほかの人のプレゼンを見て参考にすることもあるし、テレビでニュースを見るときも、バラエティー番組を見るときも、どんな伝え方をするのか、どんなふうにしゃべるのか、その結果、どんなふうに伝わるのかを見て研究している。

　いろいろ見て思うことは、上手い人のしゃべりを見るより、下手な人のしゃべりを見る方が勉強になるということだ。上手い人は、話にひき込まれてしまうから、テクニックがわからなくなる。

　たとえば、ユニクロの柳井社長、ソフトバンクの孫社長、トヨタ自動車の豊田社長など、カリスマ経営者の素晴らしいプレゼンを見ても、あんなふうにはなれない。彼らにはカリスマ性という大きな存在感があるから、たとえプレゼンが下手でも（実際とても上手だ）、みんな耳を傾けるし、そもそも話の内容がすごいから、プレゼンのスキルで勝負していない。優れた経営者である彼らから学ぶべきなのは、経営学であり、プレゼンスキルではないのだ。

　それよりも、下手な人のしゃべりをたくさん見るべきだ。「こういうクセは直した方がいいんだ」とか、「このしゃべり方は気になって内容が入ってこない」とか、「こういう伝え方をすると反感を買う」など、目についたことが学びになる。

　「人のフリ見て我がフリ直せ」というやつだ。上手い人のテクニックを盗むより、下手な人を反面教師にして上達する方が、簡単である。

　この本を読んで、伝える技術の基本を理解すると、他人のテクニックや欠点がわかるようになる。その上で、上手い人のしゃべりを見ると、「この人はこういうテクニックを使っている」というのがよくわかるし、下手な人のしゃべりを見ると、なぜ下手なのか、どうすれば上手くなるのかがよくわかる。

　ただ伝えるのではなく、魅力的に伝えるために、いろいろな伝え方を見て、良いものはどんどん吸収しよう。

　最後にもう一度言うが、「伝える技術」は努力すれば誰でも上達するスキルである。

6　エバンジェリストに必要なスキル　③伝える技術

COLUMN 外資系への挑戦・日本オラクルに入社

　インターネットの出現で、私の視野は岐阜・名古屋から東京、世界へと一気に広がった。外資系のトップ企業で仕事がしたいと考えていたときに、声をかけてくれたのが日本オラクルとマイクロソフトだった。日本オラクルを選んだ理由は、これからネットビジネスに取り組もうとしている会社で、ここでなら先駆者になれると思ったからだ。

　1996年に入社し、「マーケティング」というポジションに就いた。アメリカで開発されたシステムを日本で売るための周知活動をする仕事である。エンジニアとしての経験があり、メインフレームやインターネットを売ってきた私に、アメリカ製のソフトが売れないはずがない。不安よりもワクワクした気持ちで入社したのを覚えている。

　日本ではまだ無名だったオラクルのミドルウェアを売るのは簡単なことではなかったが、地道な努力の結果、業界トップシェアを獲得したときは本当にうれしかった。次第にオラクル全体の製品や価値を伝える仕事が増え、仕事が楽しくて仕方なかった。「エバンジェリスト」と名乗りはじめたのもこの頃である。

CHAPTER **7**

オンラインでのプレゼンに
有効なテクニック

テレワーク時代の仕事のやり方

　「テレワーク」とは、「tele（離れた）」と「work（仕事）」を合わせた造語で、ICT（情報通信技術）を活用した、時間や場所にとらわれない柔軟な働き方のことである。「リモートワーク」とも言う。

　2020年のはじめに新型コロナウイルスの感染が広がり、3月から学校が休校になり、4月に緊急事態宣言が出され、テレワークへの移行が一気に加速した。打ち合わせや会議、セミナー、プレゼンなど、実際に会わなくてもできることは、極力オンラインで行われるようになった。今までオンラインの経験がなかった人も、やらざるを得なくなり、あわてて機材をそろえ、環境をととのえた人も少なくない。この流れは、コロナが終息した後も続くだろう。

　テレワークはコロナがきっかけで普及したと思っている人が多いが、実はテレワークという言葉自体は2000年、つまり20年前からある。アメリカでは1980年代からはじまったと言われ、その流れを受けて、1991年に日本で設立されたのが「日本サテライトオフィス協会」だ。それが「日本テレワーク協会」に名称を変更し、テレワークという造語ができたのが2000年。その頃から、日本でもテレワークが推奨されるようになっていた。

　2011年に東日本大震災が起こり、停電や余震などで出勤できない人が増え、政府の電力需給緊急対策本部において、テレワーク推奨が目標設定された。私が勤務するマイクロソフトでも、いち早くテレワーク化が進み、翌2012年に「テレワーク推進賞」会長賞を受賞したほどだ。

　翌2013年には、「世界最先端IT国家創造宣言」が閣議決定され、政府は国をあげてテレワークを浸透させようと試みた。2016年にも「2020年までにテレワークの導入企業を3倍に増やし、在宅勤務を10％以上にする」という政府目標を掲げた。

　しかしながら、実際は、一般企業でも、役所でも、テレワークはあまり浸透せず、コロナであわててテレワークに切り替えた、というのが実情だ。皮肉にも、コロナでテレワーク化が一気に加速し、目標を達成したのである。

　私自身は、2012年頃からすでにテレワークが中心で、必要なときしか出社

していなかった。だから、緊急事態宣言が出ても、あわてることは何もなく、仕事のやり方も、環境も、まったく変わらなかった。ただ、取引先のテレワークが増え、今まで対面だった会議やプレゼン、セミナーがオンラインになり、出掛ける機会が以前よりも少なくなった。毎週のように行っていた地方出張も減り、飛行機や新幹線で移動することも少なくなった。

またそれに伴い、テレワークやオンラインに関する仕事の依頼が増えた。それだけ、どこの企業も、業界も、オンラインの必要性を感じているのだと改めて実感する。

●これからのテレワーク

テレワークはメリットが多い。満員電車に乗って出勤する必要がなく、移動にかかる時間と交通費を節約できる。スーツなどの衣装代、クリーニング代も節約できるし、身支度をととのえる時間も節約できる。好きな場所で仕事をすることができるから、家賃の高い都心に住む必要がなくなる。自分のペースで、生活スタイルに合わせて、自宅でも、どこでも仕事ができる。育児や介護をしながら働くこともできる。

企業にとっては、オフィスの水道光熱費を削減できるし、オフィスそのものが不要になる場合もあるだろう。情報共有やセキュリティなどの課題はもちろんあるが、IT技術でカバーできることも多く、総じてメリットの方がはるかに多い。すべての業種がテレワークに移行できるわけではないが、テレワークで効率が上がる業種はたくさんある。「withコロナ」で、まさに"新しい働き方"がはじまっている。

今までテレワークでは無理だと思っていた業種でも、コロナ渦で実際に体験してみて、案外できることを実感した企業も多いはずだ。テレワークのメリットを体感した経営者は、これからもテレワークを続けていくし、突貫的ではなく、本腰を入れてテレワーク化を進める企業も増える。世の中のテレワーク化は、ますます進んでいくだろう。

従って、これから社会で活躍する人は、テレワーク時代の仕事のやり方として、オンラインでのコツ、ノウハウを知っておくべきだ。近いうちに、まちがいなく、これができて当たり前の時代になるからだ。このCHAPTERでは、対面とオンラインのちがいや、オンラインで必要なことを詳しく解説する。

オンラインのメリット・デメリット

　プレゼンやセミナーをオンラインで行うと、セミナー会場や会議室などの物理的な場所が必要なくなる。とくに大きな会場でイベントを行う場合、会場費はかなりの金額になるから、これがなくなるのは、主催者にとって大きなメリットだ。

　しかも、参加人数（キャパシティー）に上限がなく、満席という機会損失がないのも、主催者にはプラスである。キャンセル待ちや人数調整の必要がないぶん、集客期間を短くすることもできる。

　実際、私のセミナーでも、定員100名で予定していたものをオンラインに切り替えたところ、定員を大きく上回る2200名もの方に参加していただいた。今まで遠方で参加できなかった方々が、全国から参加してくれた。別のセミナーでも、30名が700名になり、100名が2300名になり、結果、20倍以上の人にセミナーを届けることができた。

　これはセミナーの主催者にとって大きなメリットであると同時に、私自身もより多くの人に伝えることができて、とてもうれしかった。

　参加者にとっても、会場まで移動する必要がないのは楽である。遠方でも、天候や交通事情に左右されることなく参加できるし、座席による格差がなく、全員が平等に、同じ画面を見て学ぶことができる。まわりの人の目を気にせず、ラフな服装で、気軽に受講できるのも参加者のメリットだ。

効果は、私自身の経験からも実証されています

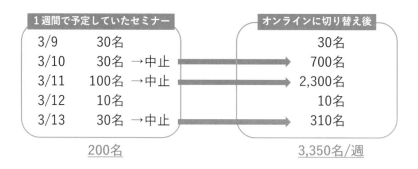

デメリットは、相手にネットが見られる環境をととのえてもらう必要がある。参加費を払う場合は、事前に振り込みや電子決済をしてもらう必要があり、これらの準備や接続ができない人には、参加してもらえない。

また、遅れて参加する人や、途中退席する人、スマホを見るなど、ほかごとをする人が対面のセミナーよりも多い。これは参加者のモラルの問題だが、参加者を飽きさせない、ほかごとができないほど楽しいセミナーにする必要がある。

商品を手に取ったり、触ったり、試食したり、においを嗅いだりすることができないが、これは表現力でカバーできるし、事前にサンプルを郵送するなどの方法で対処できる。舞台上を走り回る、客席に降りる、全身を使って表現するなどの演出ができないが、これも見せ方の工夫でカバーできる。要は、対面とオンラインのちがいを理解し、オンラインならではの表現力を学び、それぞれに合わせて、使い分ければいいのだ。

これまで対面でのプレゼンをしてきた人にとって、オンラインの時代は逆境だろうか？　私はまったくそう思わない。

人に魅力を伝えるという仕事の中に、オンラインという新しいチャネルが加わっただけで、入り口が増えることは単純にプラスである。工夫次第で、今まで取り込めなかった新たな顧客層を開拓できるかもしれない。オンラインがきっかけで、対面のチャンスが増えるかもしれない。だからオンラインの基本スキルを学び、新しい扉を開くために役立ててほしい。

明らかにメリットが多いオンラインセミナー

- セミナー会場、会議室などの物理的場所が必要ない
- 参加者の移動が必要ない
- 天候や交通事情に左右されない
- 集客期間を短くできる
- 参加者（キャパシティー）に上限が無い
- オンデマンドで相手の時間を奪わない

7

オンラインでのプレゼンに有効なテクニック

「ライブ」と「オンデマンド」の ちがい

　オンライン配信には、「ライブ配信」と「オンデマンド配信」がある。

　「ライブ配信」は、生放送番組のように、撮影しながらそのままリアルタイムで配信する、新鮮でライブ感のある配信方法だ。参加者は開始時間に合わせて視聴し、チャットを使ってコメントしたり、質問したり、アンケートに答えたりできるため、双方向のコミュニケーションが可能となる。

　相手の反応を見ながらトークを展開し、相手を巻き込み、仲間にするという点で、私はライブ配信が大好きだ。というより、エバンジェリストとして、相手に魅力を伝えたいなら、一方通行ではなく、双方向のライブ配信に力を入れるべきだろう。

　それに対して、あらかじめ収録・編集された動画を配信するのが「オンデマンド配信」だ。相手が好きな時間に、何度でも視聴できるため、相手の時間を奪わないのがメリットである。ライブ配信のようなライブ感はないが、前もって制作するため、まちがえたら何度でも撮り直しができる。凝った編集をして、作品のようにつくり込むこともできる。

　最近は、セミナーやプレゼンのオファーの際に、「60分の映像をつくって送ってください」と依頼されることも多い。いずれ動画を自分でつくるのが当たり前の時代が来るだろう。従って、エバンジェリストとしてライブ配信を大事にしつつ、オンデマンド配信のスキルとセンスも備えておくべきだ。

　ほかにも、ライブ配信をしたものを、その後オンデマンド配信で見られるようにする「ハイブリッド型」という手法もある。これは、ライブ配信の臨場感を後から何度でも見られるというよさもあるが、まちがいやミスがあったら、それが何度も流れてしまうというリスクもある。

　ハイブリッド型にするなら、より一層、質の高いライブ配信ができるよう、完璧な準備とリハーサルが必要だ。

　ライブ、オンデマンド、ハイブリッド、それぞれの特徴をふまえて、相手に合わせて効果的に活用しよう。

オンライン会議アプリの選び方

オンラインでプレゼンをするには、ネット環境とパソコンやスマホのほかに、「オンライン会議アプリ」や「ビデオ会議アプリ」、「ウェブ会議ツール」などと呼ばれるアプリケーションソフトが必要だ。各社からさまざまなアプリが提供され、激しいアップデート競争で進化し続けている。

マイクロソフトが提供するサービスでは、「Microsoft Teams（チームズ）」や「Skype（スカイプ）」がある。ほかにも、「Zoom（ズーム）」、「LINE（ライン）」、「Messenger（メッセンジャー）」、「Google Meet（グーグルミート）」、「Webex Meetings（ウェブエックス ミーティングス）」、「V-CUBE（ブイキューブ）」などが有名だ。

これらのほとんどに、音声通話、ビデオ通話、チャット機能があり、顔を見て、話をしながら、資料やURLを送り、画面共有機能で自分のパソコン画面を見せることができる。つまり、PowerPointでつくったスライドを表示して、ペンで書き込みをしながら説明したり、動画や写真を見せたり、パソコン上でできるデモンストレーションは、オンラインでも問題なく実行できる。むしろ参加者は、プレゼン会場のスクリーンで見るより、見やすいかもしれない。

最大参加可能人数やログイン方法、録音・録画機能の有無など、細かい機能はアプリによってちがう。たとえば、有料セミナーの場合は、参加費を払った人に、参加するためのパスワードやURLを送る、という使い方もできる。

これらの機能は、無料で利用できるものと、参加人数や利用時間によって有料になるものがあり、それぞれの特徴をふまえて、用途に応じて使い分けるのがおすすめだ。アプリ選びのポイントは、主催者として開催しやすいかどうかと、参加者として参加しやすいかどうか、である。ちなみに、一時期セキュリティ問題が指摘されていたZoomは、すぐに脆弱性を解決し、安心して使えるアプリに進化した。

私が普段、ウェブ会議やオンラインセミナーで使っているのは、Microsoft TeamsやZoomが多い。中には、セキュリティの問題やシステム全体の最適化のためにMicrosoft Teamsのみの利用を推奨したりする会社も多い。オンラインは相手があることだ。相手の環境に合わせて対応する必要もあるだろう。

7

オンラインでのプレゼンに有効なテクニック

特定の相手との会議やプレゼンではなく、不特定多数の人に見てもらいたい動画は「YouTube」で配信している。YouTubeは誰でも、無料で、何度でも見ることができる動画配信サービスだから、新たなファンを増やすという点では、とても効果的なツールである。

YouTuberとして、広告収入で収益を上げるのは容易ではないが、お金を稼ぐためではなく、より多くの人に広めるためのチャネルのひとつとしてなら、やってみる価値はある。

YouTubeライブは、以前はチャンネル登録者数100人以上でないと利用できない機能だったが、その制限が撤廃され、誰でもライブ配信ができるようになった。ただし、情報セキュリティ上、YouTubeを見ることができない会社もあるから、注意が必要だ。

私の場合は、事前に編集した動画を定期的にアップし、ときどきライブ配信（そのままオンデマンド配信として残るからハイブリッド型）も行っている。ライブ配信は、閲覧者数やコメントをリアルタイムで見ることができ、相手の反応を見ながら話すのがとても楽しい。勉強になることもたくさんあり、いい経験になっている。

ライブ配信用のソフトは、ほかにもたくさんある。Twitterライブ配信「TwitCasting（ツイキャス）」、「Instagramライブ配信」（ストーリーの機能の一部を利用）、「Vimeo（ヴィメオ）」、「ニコニコ生放送」などで、それぞれに機能や特徴がちがう。自分に合うプラットフォームを活用して、より多くの人に伝えるためのチャネルにしよう。

一般的なライブ配信プラットフォーム

- **YouTube Live**
  - YouTubeチャンネル登録者100人以上が利用可能だった制限が撤廃、気軽にライブ配信が可能に
  - YouTubeでの生放送の敷居が大きく下がった
  - ただし企業によっては情報セキュリティ上、YouTubeを見ることができない
- **LINE Live**
  - 一部の芸能関係者のみ使用可能だったものが、2016年8月10日より一般ユーザーの利用も可能
  - 特にLINE@のアカウントや公式アカウントを持っている企業に便利
  - 10分もあればライブ配信が可能
  - LINEアプリとアカウントが必要
- **Vimeo Live**
  - ライブ動画ストリーミングサービスのLivestreamを買収し「Vimeo Live」をスタート

- **Twitter ライブ配信 Twit Casting**
- **ニコニコ生放送**
- **Instagram ライブ配信（ストーリー機能の一部を利用）**

オンラインに必要な機材と環境

　最近のパソコンは、フロントカメラもマイクも内蔵されている。従って、パソコンやスマホが1台あれば、とりあえず、最低限の撮影と配信はできる。オンライン飲み会や、仲間内のカジュアルなプレゼンならそれでも構わないが、より高品質で見栄えのいい映像を撮りたいなら、専用機材を用意した方がいい。

　私の場合は、自分で撮影し、配信するセミナーやプレゼン、YouTubeでは、撮影カメラ、マイク、映像・音声スイッチャー、ミキサー、デコーダー、編集機器など、すべてプロ仕様の機材を使っている。もちろん、撮影から配信まで、すべて自分1人で行う。誰にも負けない、いい映像を届けたいし、ITのエバンジェリストだから、最新の機材を使いこなすのは当然だ。

　企業向けのプレゼンやセミナー、テレビ番組では、収録スタジオを使い、プロのスタッフが4Kカメラで撮影し、より高品質な映像をつくることもある。最近はとくにそういう動画が増えてきた。

　高価な機材を使ってプロが本格的につくれば、素晴らしい映像になるが、当然ながら、そのぶん費用もかかる。企業が制作するものでも、予算がない場合は、お金をかけずにつくることもあるし、こちらで映像をつくって納品することもある。ケースバイケースだ。いずれにしても、与えられた予算の中で、何ができるかを考え、最善を尽くすことが大切だ。

　自分で機材を用意する場合は、どこまでお金をかけるべきか、悩むところだろう。いいものをつくりたいけど、凝りだしたらキリがない。ここでは、私が実際に使って、いいと思うものを紹介するが、それをすべてマネする必要はない。誰に何を伝えるためのプレゼンなのかを考え、自分にとって必要なものをそろえていけばいい。

　オンラインに慣れていない人は、まずは手持ちのパソコンやスマホを使って、お金をかけずにできることからはじめてみよう。これぐらいはできて当たり前の世の中に、すでになっているし、実際にやってみれば、自分にとってどんな機材が必要なのか、わかるからだ。

　機材をそろえる際のポイントは3つ。「音質」、「画質」、「ネット速度」である。

🔹音質にこだわる

　3つの中で最も重要で、まずこだわってほしいのが音質だ。画質の悪さよりも、音質が悪い方が、人はストレスを感じるからだ。

　たとえば、相手の声がクリアに聞こえない、子供やペットの声、トイレの音など、生活音が聞こえる、ハウリングする、キーボードを操作するときのカチャカチャとした音や、パソコン上のアプリの音声が気になるなど、相手の音でストレスを感じたことはないだろうか？　これらは、自分も同じように相手にストレスを与えている可能性がある。

　パソコンに内蔵されたマイクは、広範囲で音をひろってしまうため、よほど静かな部屋でない限り、雑音も相手に聞こえてしまう。外付けの専用マイクを使えば、音質が上がり、余計な環境音をひろわず、快適な音を届けることができる。

　マイクにはヘッドセット型や据え置き型など、さまざまな形があり、さらに接続方式もそれぞれちがう。パソコンの差し込み口を確認してから購入しよう。音質については、自分の耳で聞いて比較するしかない。メーカーのショールームや家電量販店、マイク音を比較する動画などを見て、最適なものを選ぶのが賢明だ。

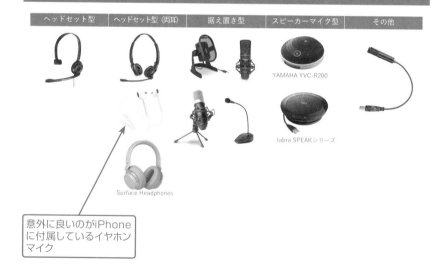

PCに接続するマイクの形状

ヘッドセット型	ヘッドセット型（両耳）	据え置き型	スピーカーマイク型	その他

YAMAHA YVC-R200

Jabra SPEAKシリーズ

Surface Headphones

意外に良いのがiPhoneに付属しているイヤホンマイク

PCに接続するマイクの接続方式

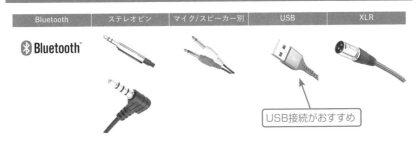

Bluetooth	ステレオピン	マイク/スピーカー別	USB	XLR

USB接続がおすすめ

◆ 画質にこだわる

　カメラを変えると、色味や画角（ゆがみ）、明るさ、背景のボケ感などにちがいが出る。カメラの解像度が低い（画像が粗い）、映像がカクカクしている、顔色が悪いなど、画質が悪いとストレスを感じる。もちろん、パソコン内蔵のカメラでもそれなりに撮れるが、商品の色やデザインをよりキレイに見せたい、肌質や発色をより美しく見せたい、料理をよりおいしそうに見せたいなど、画質を上げたいなら、外付けのカメラにした方がいい。

TECHNIQUE-1　カメラで画質は変わる

　パソコン内蔵のカメラ、iPhoneのカメラ、よくあるビデオカメラ、WEBカメラ、デジタル一眼カメラを使って比較した画像を見てほしい。同じ画角で撮っても、顔の形やゆがみ、背景がぜんぜんちがうのがわかるだろう。誌面の都合で色味まではわからないが、顔色や洋服の色合いもまったくちがう。

それぞれのカメラを接続してみた検証結果

デジタル一眼カメラが最もキレイに撮れる

　検証した結果、デジタル一眼カメラがいちばんキレイに撮れたので、私はオンラインプレゼンではいつもそれを使う。また、それぞれのカメラでパソコンへの接続方法がちがうから、あわせて確認してほしい。

PCに接続するカメラの接続方式と形状

買う前に接続方式を確認しよう

TECHNIQUE-2 明るい場所ではなく、明かりを受ける場所で撮る

　どんなに高性能なカメラを使っても、「明るさ」が足りなければ、薄暗いどんよりした映像になる。暗い映像は見ている人を暗い気持ちにさせるし、色合いが悪いと、魅力も半減する。だから映像はできるだけ明るくするべきだ。明るい映像にするためには、「明るい場所」ではなく、「明かりを受ける場所」を選ぶことだ。

　よく旅先で記念撮影をしたら、逆光で顔が真っ黒になったという経験があるだろう。左の写真は、まさにその状態である。窓際の明るい場所を選んだつもりが、窓を背にしてしまったため、逆光で顔が真っ黒になった。それに対して右は、窓の方を向いているから明るい。

　屋外での自然光撮影なら、太陽の方を向いて光を正面から受ける。自然光の入る室内なら、窓の方を向く。窓のない室内での撮影は、照明器具の明かりが正面から当たるように設定する。明るさが足りないときは、照明器具を追加して光を補う。自分がまぶしいと思うくらい明るくするのがちょうどいい。化粧品やメイクで肌をキレイに見せたいなら、最近話題の「女優ライト」がおすすめだ。リモートテレビ出演をする女性芸能人の多くが使っている、肌がキレイに見えるライトだ。正面から光を当てると、瞳に丸ができて、よりキレイに見える。

もちろん画像の品質も大切、まずは明るさ

■ "明るい場所"ではなく"明かりを受ける場所"を選ぶ
　■ 逆光を避け、自分が少しまぶしいと思うくらいが良い

NG 逆光で顔が真っ黒　　OK 明かりを受ける場所で撮影

TECHNIQUE-3 カメラの高さと距離の法則

　カメラの高さ（上下の角度）は目線と同じだ。高すぎても、低すぎても、印象が変わる。パソコンをデスクやダイニングテーブルの上に置いて、パソコン内蔵のカメラを使って撮影すると、カメラ位置が低すぎるため、見下げる顔になってしまう。だから私はパソコン内蔵カメラを使わない。これを改善するには、パソコンの下に台を置き、パソコン画面を垂直に立て、画面上部のカメラが顔の正面にくるように設置する。日常会話の目線と同じで、これが最も自然に見える角度である。

カメラの高さ（上下の角度）って意外と重要

私たちの日常の会話も同じ高さです

　カメラとの距離、つまり、画面中に占める人物の割合も大事である。次の4枚の写真を比較すると、左の2枚は人物が小さすぎて、画面の中で必要ないものに面積を取られている。顔の表情もわかりづらい。それに対して、右の2枚は、顔の表情がよくわかり、大きさのバランスもいい。少なくともこのくらいのサイズにするのが理想的だ。もし背景の余白を上手く活用したいなら、広告情報、名刺情報、PRを入れてもいい。オンラインは画面だけで表現するものだから、余計なものの映り込みをなくし、画面全体を作品だと考えてデザインしよう。

画面中に占める登場人物の割合も重要

- ■ 画面の中で必要のないものに面積を取られる必要なし
- ■ ただし背景に広告情報、名刺情報、PRをするのはOK

> 画面に占める人物の割合は、右の2枚のバランスがいい

TECHNIQUE-4 より高品質にしたいならPinP

　よりわかりやすく、カッコいい映像にしたいなら「PinP（ピクチャーインピクチャー）」がおすすめだ。これは複数の映像を合成する技術で、たとえば、コンテンツに人が入っているように見せたり、クレジットを入れたり、スマホやパソコン画面を見せながら解説したり（画面共有では、パソコン画面しか表示されないが、「PinP」を使うと、画面と自分を合成できる）、ワイプのように映像を入れ込むこともできる。

　まさにテレビ番組のような、凝った映像をつくることができる。IT系のプレゼンでは標準的に使われている技術だ。

　「PinP」には、「映像スイッチャー（ミキサー）」という専用機材（3万円前後で買える）が必要だ。私の場合は、デモ用のパソコンやスマホ、マイク、デジ

7

オンラインでのプレゼンに有効なテクニック

タル一眼カメラをすべて映像スイッチャーに接続し、そこで合成した映像を配信用のパソコンに送り、インターネットを通して配信する、というセッティングにしている。やや複雑だが、これでワンランク上の高品質な映像を配信することができる。

高品質なオンラインセミナーではぜひ…

- ■ PCスイッチャー/ミキサーを使う
- ■ デモをするならば iPhone/iPad 画面を PinP する
- ■ 講演者の画面を PinP する

ミラーリングAirPlayを使う方法

画面中に占める人物の割合も重要

「PinP」を使うと、こんなふうに
映像を合成することができる

実際の構成：品質の高いプレゼン配信の例

- ■ 映像スイッチャーを使って講演者とPCを同時配信
  - ▫ メリット：講演者もプレゼン画面等も配信でき、音質がいい、PinPもできる
  - ▫ マイナス：機材がやや複雑

講演PC

ライブストリーミングミキサーなどなど
例）Blackmagic Design ATEM mini

UVC（USB Video Class）接続

配信用PC　　インターネット回線

ライブ配信
プラットフォームへ

iPhoneなど

講演者

映像スイッチャーを使った
セッティング例

TECHNIQUE-5 お金をかけずにできるPinP

「映像スイッチャー(ミキサー)」という機材を購入しなくても、無料ソフトを使って、PinPを自分のパソコンでやることもできる。有名なのは完全無料の「OBS Studio」や、プロ仕様の「Wirecast」だろう。カメラで撮影しながら合成することも、Microsoft TeamsやZoomの会議画面から、特定の人だけを抜き出して合成することもできる。さらに、それをそのままOBS StudioやWirecastから配信することもできる。

ではこの無料ソフトは、先ほど紹介した外付けの映像スイッチャーを使って合成するのと、何がちがうのだろうか? 3万円前後の出費を考えたら、無料でできる方がいいと考えるのが普通である。私があえて映像スイッチャーを使う理由は、パソコンのCPUパワーを使わず、パソコンの負荷を減らすことができるからだ。

オンラインはパソコンがフリーズしたら終わりである。だからそのリスクを減らすために、パソコンを複数台用意しているのだが、それと同様に、1台のパソコンでたくさんのアプリを立ち上げないというのもリスク管理のひとつだ。外付けできる機能はできるだけ外に出し、パソコンの負荷を減らす。しかも外付けの専用機材は高機能だから、より高品質な映像をつくることができる。

でも専用機材だけでなくPCアプリでもできる

■ **OBS Studio** (Open Broadcaster Software)
- 完全無料のソフトウェア
- 高画質/高音質なライブ配信と録画
- 音声ミックス(合成)機能
- テキスト・画像・PC画面・ゲーム機の映像合成(子画面や並べる)
- エフェクト・フィルタ・トランジション適用可能

■ **Wirecast**
- スマートフォンからプロ仕様まで
- 高画質/高音質なライブ配信と録画
- 音声ミックス、テキスト・画像・PC画面・ゲーム機の映像合成(子画面や並べる)、エフェクトなどは当たり前
- プロレベルのプロダクション機能

PC上の映像やアプリ、カメラを自由に組み合わせてこんな映像を配信可能

専用機材がなくてもPinPができるソフト

専用機材なしでマルチ画面を配信する例

- ■ Microsoft Teams や Zoom を起動する
- ■ Teams会議画面 や Zoom 画面の目的の人だけをピン留めするのもおすすめ
- ■ OBS Studio や Wirecast を使用して、範囲を抜き出して合成、背景やテロップ
- ■ そのままOBS Studio や Wirecast を使用してライブ配信

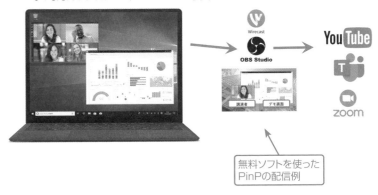

無料ソフトを使った
PinPの配信例

ネット速度は音質にも画質にも影響する

映像がカクカクしたり、固まってしまったり、音声が途切れ途切れになったり
…これらは機材より、ネット速度に問題があることが多い。

いい画質、いい音質を快適に届けるためには、十分なネット速度が必要だ。
もちろん、受信する側のネット速度も必要だが、これは相手の回線の問題だ
から、どうすることもできない。従って、まずは自分のネット速度が足りている
のか、確認しておくべきだ。

ネット速度を測定する方法

❶ 「https://fast.com/ja/#」にアクセスする。

出てきた数字「△△Mbps」が、今使っている回線のネット速度。

❷ さらに「詳細を表示」をクリックする。

右下に出る「アップロードスピード」の数字が、映像を配信するときのネット
速度。オンラインで配信するなら、この数字が大きい方がいい。もし、ネット
速度が遅い場合は、回線契約を見直し、速度を上げるしかない。

　YouTube、Microsoft Teams、Zoomの帯域要件を見て、自分のネット速度が足りているか確認しよう。

どのくらいのインターネット速度が必要？

■YouTubeの帯域要件

動画の解像度	推奨される持続的な速度
4K	20Mbps
HD 1080p	5Mbps
HD 720p	2.5Mbps
SD 480p	1.1Mbps
SD 360p	0.7Mbps

■Microsoft Teamsの帯域要件

1対1のビデオ通話	
高品質ビデオ	500kbps
HDビデオ	1.5Mbps

グループビデオ通話	
高品質ビデオ	500kbps
HDビデオ	1M/2Mbps

■Zoomの帯域要件

1対1のビデオ通話	
高品質ビデオ	600kbps
HDビデオ	1.2Mbps

グループビデオ通話	
高品質ビデオ	600kbps
ギャラリービュー	1.5Mbps

オンラインのシナリオづくり

　オンラインでは途中退席が起きやすい。これは対面セミナーでも起こることだが、オンラインの方が圧倒的に多い。スライドがそこしか見えないため、参加者が前の資料をもう一度見たいと思っても、戻って見ることができない。さらにオンデマンドの場合は、早送りされることもある。つまり、これらに対しての対策が必要である。

相手を楽しませるシナリオづくり

　途中退席を防ぐには、最後まで見たくなるような工夫が必要だ。まずはプレゼンの前半で、「なぜこの話を最後まで聞くべきなのか?」という理由を何度もしっかりと説明する。81ページで紹介したホラーストーリーを展開してもいいし、この話を聞くとどんな体験ができるのかを語ってもいい。

　後半は、より具体的でシンプルに、たたみかけるようにテンポよく。話がおもしろくて、引き込まれて、つい最後まで聞いてしまうようなプレゼンにすることが大切だ。

　早送りへの対策は、早送りされても情報がわかるようにすることだ。今何を伝えているかがわかれば、興味がある人は、巻き戻して見てくれる。たとえば、PowerPointのタイトルを工夫する、テレビ番組のように画面上にテロップを入れるなどである。

　テロップは、アプリで合成すればすぐにできる。前もって準備しておくこともできるから、オンデマンドだけでなく、ライブ配信でも、テロップを入れて、ぱっと見ただけで、今何をしているのかがわかるようにした方がいい。

　さらに、区切りのいいところで、「ここまでのまとめ」を入れると、途中から見た人にもわかりやすく、最初から見ている人には、復習や念押しになる。これもテレビドラマや情報番組でよく使われている手法だ。

　CHAPTER 5でシナリオづくりが大切だということを書いたが、それはオンラインでも同じだ。相手を楽しませ、魅力を伝え、協力者にするためには、シナリオづくりを大切にするべきである。

オンラインの言葉づかいと話し方

オンラインでは、相手は講演者ではなく、動画を見ている。従って、対面セミナーと同じような言葉づかいや表現方法では、違和感があることがある。

たとえば、「お越しいただき、ありがとうございます」や「最後まで聞いてくださり、ありがとうございます」は、「ご覧いただきありがとうございます」や「ご視聴くださり、ありがとうございます」という方が、見ている人にはしっくりくる。

「スクリーンをご覧ください」ではなく「画面をご覧ください」、「画面にご注目ください」の方がいいし、席には「前の方」も「後ろの方」もない。些細なことだが、対面セミナーとはちがう言葉づかいを意識する必要がある。また、オンラインでは言葉の空白をつくらないことがとても大切だ。対面とちがって、画面でしか情報が伝わらないオンラインでは、映像と音声の空白は、いわゆる「放送事故」と同じで、相手を不安にさせる。

空白が起きそうなときは、今何をしているのかを言葉で説明して、トークでつなぐ。たとえば、映像の切り替えが上手くいかないときは、「今から映像でお見せしますので、少しお待ちくださいね」と言う。音声が途切れてしまったら、「しばらくお待ちください」というテロップを出す。スケッチブックやホワイトボードに書いて見せるとか、「お待ちください」という札をあらかじめ準備しておくのも、いざというときに役に立つ。要するに、空白で相手が不安にならないようにすることが重要だ。さらに、画面の説明をするときは、「ここ」、「そこ」、「あそこ」などの指示語を使わない。画面しか見えてない相手に、「ここ」と言っても、どこを指すかわからないからだ。同様に、「これ」、「この」、「こちら」、「こういうふうに」、「こんな感じで」、という表現も避けた方がいい。

場所を指すときは、「赤いボタンを」とか、「左上のチェックボックスを」とか、「点滅の文字を」というように、具体的な位置を説明する。視点誘導という点では、CHAPTER 5で紹介した「スポットライト」や、「赤ペン」、「蛍光ペン」、「ズーム」などを使うのも効果的だ。あわせて、画面の文字や数字は、可能な限り読み上げる。画面しか見えない相手に、よりわかりやすく伝えるためには、何をどのように伝えるべきか？ 相手の立場に立って考えることは、対面でもオンラインでも同じである。

🎁オンラインの見せ方、話し方

　画面越しに1対1となるオンラインプレゼンでは、目線や表情がよりはっきりと相手に伝わる。だから可能な限りカメラを見て、笑顔で話すことを心がけるべきだ。

　パソコン内蔵カメラなら、画面ばかり見ていたら伏し目がちに映るし、外付けカメラでも、設置場所によっては目線が外れる。ずっとカメラ目線で話すのは無理でも、ときどきカメラに目線を向け、参加者とアイコンタクトをすることで、相手との距離を縮め、一体感をつくることができる。対面で全員と目を合わせることは不可能だが（大人数の場合）、オンラインでは簡単にできるのだから、工夫した方がいい。

　また、オンラインは上半身だけで動きがないと思われがちだが、対面と同じように、手や指を大きく動かし、表情豊かに、画面いっぱいに表現した方がいい。相手の話を聞くときも、大きくうなずいたり、親指を立てて「いいね」を表現したり、驚いたときはびっくりした顔をして、大げさなくらいにリアクションする方が、相手に気持ちが伝わる。ただし、オンラインでは音声が自動調整されるため、相手がしゃべっているときに声を発すると、相手の言葉を妨げてしまうことがある。リアクションをするときは、相手の音声を遮らない「無言のジェスチャー」で表現する配慮も必要だ。

　ほとんどのオンライン会議アプリには、大きな声を発したら自動的に音量を下げ、小さな声でしゃべったら音量を上げるなど機械が自動的に聞きやすい音量に調整してくれる自動調整機能が備わっている。さらに、聞く人が自分で音量を調整することができるし、ミュート（消音）にすることもできる。

　つまり、対面では、声を大きく・小さくすることも表現方法の1つだったが、オンラインにおいては、勝手に調整されてしまうから意味がない。そこで、オンラインではとくに、「抑揚をつけること」や、よりインパクトのある「言葉づかい」で強弱をつけることを意識する。

　インパクトのある「言葉づかい」とは、CHAPTER 6で紹介した「体言止め」や「質問と回答」のように、変化のある「語尾」や「巻き込み」で、相手を飽きさせない工夫をするということだ。私はオンラインではとくにこれらを多用している。また、音声が聞き取りづらい人や、伝わりづらいときには「字幕」を出し、理解を深めてもらうのもおすすめだ。

7

オンラインでのプレゼンに有効なテクニック

伝わりにくい味・香り・質感の表現力を磨く

　私がプレゼンするIT技術や商品は、対面からオンラインに切り替わっても、ほぼ問題なく、魅力を伝えることができる。しかしながら、中にはオンラインでは上手く伝わらないこともたくさんある。

　たとえば、食べ物や飲み物の味、におい。香水などのフレグランスの香り。布や革製品の手触り、質感。化粧品やクリームのテクスチャー。五感の中で、視覚と聴覚はオンラインでも伝わるが、味覚、臭覚、触覚については、伝えるのが難しい。

　特定の相手にプレゼンするなら、事前や事後にサンプルを送り、実際に手にとって、味わって、においを嗅いで、体験してもらうことで解決する。食品や香水、化粧品なら、お試し用の小さなサンプルで十分だし、布や革製品なら、端切れを見本として送ってもいい。料理教室や菓子教室では、事前に先生がつくった完成品を送るとか、材料や道具を郵送して、一緒につくることで、味を体験することができる。

　ただし、これらは準備・発送に手間と費用がかかるし、高額商品や郵送できない大きな物、壊れやすい物には適さない。

　オンラインだけで伝える場合は、魅力的な言葉と表現力で、相手に想像させることが大切だ。たとえば料理なら、テレビ番組の食レポのように、「中からチーズがとろ〜り」、「口のなかでプチプチと弾ける」、「肉汁がジュワ〜ッとあふれ出る」、「においだけでごはん3杯いける」など、形容詞や比喩、擬音語を使って五感を刺激する。記憶に残る言葉を使う。

　テレビで食レポを見て、無性に食べたくなった経験は誰にでもあるだろう。それはつまり、オンラインで料理の魅力を伝えることは、十分に可能ということだ。同じように、香りや手触りも、工夫次第で、上手く伝えることができる。

　魅力を言葉で上手く伝えるためには、普段から表現力を磨き、ボキャブラリーを増やしておくことが大切だ。テレビや雑誌で、商品やサービスがどんな言葉で紹介されているのかを見ることも、勉強になるだろう。

参加者を飽きさせない工夫を行う

　対面では、客いじりや客席との会話で心をつかみ、場の空気を読んで、相手を巻き込むということができたが、オンラインでは難しい。だから私はライブ配信でチャットを多用し、参加者と双方向のコミュニケーションを取りながら話す。

　たとえば、冒頭のつかみでは、「みなさんの地域の、今日の天気を教えてください」とか、「今日はどちらから参加されていますか?」という質問を投げかけ、チャットで答えてもらう。難しい質問には誰も答えないから、反応しやすい質問をすることがポイントだ。参加者に何かしらの操作をしてもらうことが目的なのだ。

　参加者がチャットで答えたことは、ほかの参加者も閲覧できる。お互いに顔が見えて、音声も聞こえる。パソコンの前に座っているのは1人でも、チャットを通してたくさんの人とつながっているということを認識してもらえて、仲間意識も生まれる。だから、チャットを活用した問いかけは、プレゼン中に随時、何度もやる。「fast.comにアクセスして、回線速度を競いましょう」と参加型にすると盛り上がるし、資料やURLを途中で送ることができるのも便利だ。最後まで相手を飽きさせず、楽しませるには、チャットの活用が不可欠だ。

　ほかにも、リアル投票サービス「Mentimeter」もよく使う。参加者にアンケートを取ると、すぐにグラフ化して表示される、とても便利なツールである。「○○のイメージは?」とか、「今日の感想は?」など、コメントを書いてもらうことも可能で、その結果を全員で見ることができる。チャットよりも全体の意見がつかめ、参加者がすぐに結果を見られることや、感情の共有ができることが大きな魅力である。これらのツールを活用することで、実は、オンラインの方が双方向のコミュニケーションが可能になる。

　飽きさせないという意味では、プレゼン開始までの時間に音楽を流したり、準備中の映像や注意事項を流したり、カウントダウンの時計を表示するのもおすすめだ。

　オンラインでは、画面が止まっていると不安になりやすい。時計が動いてい

るなど、画面や音に変化があると、相手は安心して待つことができる。どんな演出をするかは自由だが、相手を飽きさせないように工夫することが大切だ。

🔊 背景に名刺やキャンペーン情報などを表示させる

　相手に興味を持ってもらうためには、どれだけ印象に残るプレゼンができるかが重要だ。対面なら、髪型や服装、背の高さ、雰囲気、におい、声の大きさなども判断材料になるが、オンラインは画面（カメラ画像と資料）と音声（会話）がすべてである。差別化したいなら、これを工夫するしかない。

　だから私は、画面すべてをセールススペースだと考え、背景にも、衣装にもこだわって絵づくりをしている。たとえば、背景に自分の名刺を壁紙として使うと、それだけで多くの人に名前と顔を覚えてもらえる。お知らせやキャンペーン情報、問い合わせ先を表示したり、QRコードを入れたりするのもいいだろう。

　伝えたいことをTシャツにして、衣装として着用するのもおすすめだ。私は著書のタイトルが大きく書かれたTシャツを堂々と着てプレゼンしている。これはかなり目を引くようで、宣伝効果は抜群だ。

　私にとって衣装は、高価な洋服を自慢するものでも、自分をカッコよく見せるためのものでもない。あくまで、画面の中で大きな割合を占める、宣伝ツールのひとつなのだ。おしゃれはプライベートで出掛けるときに楽しめばいいと思う。

画面のすべてがセールススペースである

■ 背景効果で自分の名刺や、キャンペーン、
　問い合わせ先などの情報、QRコードを表示

■ 自分自身の服装も時にはアピールできるスペース

最初の10分間は
大事な話をしない

　対面でも、まれに遅れて参加する人はいるが、オンラインではとくに遅刻が多い。私が開催した6000人と2000人のオンラインセミナーで統計を取ったところ、開始時間にアクセスできていた人はわずか7割で、開始10〜15分後が参加者数のピークだった。

　「17:00開始」と伝えていても、3割の人は、17:10に参加する。だから最初の10分間は、プレゼンの核になるような大事な話は避けるべきである。とはいえ、時間どおりにきてくれた人を飽きさせるわけにはいかないから、参加者とチャットで会話を楽しみ、動作確認や配信テストの時間にあてる。遅れるのがわかっているなら、あらかじめ、「17:00開始、17:10ライブ配信」としておくのもテクニックだ。

　会社などの組織や団体に向けてプレゼンする場合は、時間ぴったり、あるいは5分前にビシッと集まることもある。もちろん、そういうときは、最初から大事な話をしても構わない。

開始時間を少しずらすのもテクニック

- 「17:00開始」とするより「17:10開始」が望ましい
- あるいは「17:00開始 17:10ライブ配信」
  - 若干のテスト時間を設けることができる
  - 配信されたものを録画・再編集する際に冒頭部分の編集がしやすい

  - 「17:00に参加しよう」と思っても、**17:00に参加できている人もいれば、その後参加する人も多い**

◆ 6000人のオンラインイベントの場合

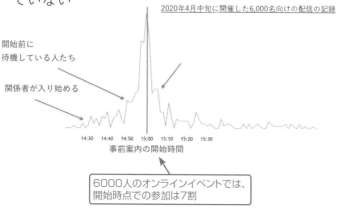

◆ 2000人のオンラインイベントの場合

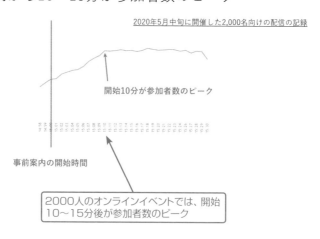

スクリーンショットや
録画・録音の対策

　パソコンやスマホには、スクリーンショット（画面撮影）や録画、録音の機能
がある。これは、相手にメモを取ってもらうときには便利である。しかしながら、
裏を返せば、本来なら相手に渡す必要のない情報や資料が手元に残ってしま
う可能性があり、トラブルになるリスクがある。

　たとえば、社外秘の機密情報や顧客リストをオンラインで見せてしまったら、
それが撮影されて、流出する可能性はゼロではない。有料セミナーを録画し
て、友人にタダで共有する、あるいは転売する人がいるかもしれないし、苦労
してつくった資料や肖像権のある画像を無断で転用されるかもしれない。オ
フレコのつもりでしゃべった業界の裏話や噂話、悪口を、録画されて流され、
大騒ぎになるかもしれない。

　これらはすべて、参加者側のモラルの問題で、そんなことを疑いだしたら、
何も言えないし、何もできなくなってしまうだろう。だからこそ、そういうこと
があり得るということを頭に置いて、発言には気をつける。できる対策をして、
後は相手を信用するしかない。

　私ができることは、IT技術を駆使して、最大限の対策をすることだ。たとえ
ば、残したくない画像には、「撮影禁止」や「社外秘」などのテロップや、「コン
フィデンシャルマーク」を合成する。仮に撮影されても、その画像を使った無
断転用はできなくなる。「ウォーターマーク」という電子透かしで、デジタル
画像や音声データにバーコードを埋め込み、悪用された際に、出所を特定す
る技術もある。

　悪意を持って録画する人より、軽い気持ちで撮影して、SNSに投稿してし
まう人も多い。だから「撮影禁止です」、「録音しないでください」、「ネットに上
げないでください」と口頭で注意をするとか、資料や画像上に注意書きをして
おくだけでも、一定の効果はある。

　これらの対策は、あくまでお願いであり、これで録画や録音を完全に止めら
れるわけではない。信頼できる人だけにIDを発行し、見る人を選ぶことはで
きるが、残念ながら、その人たちの録画や録音を止めることはできないのが、

今の技術の現状である。とはいえ、IT技術は日々進化している。いずれこれらを防ぐ技術も開発されるだろう。

オンラインではコンテンツ撮影ができる

■ スクリーンショット（画面撮影）、
　録画・録音もできてしまうのがオンラインです

■ メリット
　■ 相手にメモを取っていただく必要がなく、「写メしてください〜」など

■ デメリット
　■ 本来であれば相手に渡す必要のない情報・資料などが相手の手元に残る可能性
　　がある ➡ 注意を促したり、画面上に注意書きを一緒に書いておく

7

オンラインでのプレゼンに有効なテクニック

COLUMN 2009年、マイクロソフトに入社

　日本オラクルでの12年間はとても楽しく、充実したものだったが、同じことの繰り返しより、新しいことに挑戦したいという思いが強くなり、退職を決めた。ありがたいことにたくさんの企業からオファーがあり、その中からマイクロソフトを選んだのは、企業のポートフォリオ（おもに何で収益を得ているか）を重視したからだ。エバンジェリストとして幅を広げたかった私は、より多種類の製品やサービスを扱う会社で、それらを組み合わせて使う魅力を伝えたかった。オラクルよりも幅広く、収益バランスがいいのは、ダントツでマイクロソフトだった。

　日本マイクロソフトには、私が入社する前から優秀なエバンジェリストがたくさん在籍していた。彼らはそれぞれに担当する技術や製品があり、専門分野における知識と能力はずば抜けていた。そこで私は、製品よりも楽しさや思いにこだわり、マイクロソフト全体の魅力を伝えるエバンジェリストになりたいと、当時の社長・樋口氏に直談判した。これは日本初の試みだった。社長がアメリカ本社に掛け合い、認められた唯一無二のポジションである。

CHAPTER **8**

エバンジェリスト・西脇資哲の
仕事、すべて見せます!

スケジューリングは自分でやる

　私はマイクロソフトの業務執行役員であり、エバンジェリストとして個人で仕事を受けることもあるが、スケジュール調整をしてくれる秘書も、アシスタントもいない。すべて自分でやるというのが、私のポリシーだ。もちろん、どうしても手が足りないときに、スポットで手伝ってもらうことはあるが、基本は1人で、自分のペースで仕事がしたいのだ。

　エバンジェリストの仕事は、話を聞いてくれる相手があってはじめて成立するものだ。イベントも、セミナーも、顧客訪問も、すべて社内外の人から声をかけてもらって、プレゼンをする。自分で企画して、募集して、イベントやセミナーを主催するとか、自分でアポを取ってプレゼンのチャンスをつくるというやり方もあるが、私の場合は依頼されてしゃべりに行くのが100%だ。

　つまり、私のプレゼンはすべて相手の都合で日時が決まる。相手からの依頼を受けて、プレゼンというアウトプットのスケジュールを組み、その合間をぬって、移動や準備をする、というのがスケジューリングの基本となる。

　企業向けのプレゼンは平日の午後が多いし、一般向けのビジネスセミナーや勉強会は平日の夕方5時以降や土日が多い。従って、それ以外のあいた時間（おもに午前中や夜）を準備や雑務の時間にあてている。どの予定もけっこう前から決まっていて、キャンセルになることは少ない。「明日来てほしい」とか、「今すぐ来られる？」といった急な呼び出しもないから、スケジュールを詰め込みすぎなければ、時間をかけてしっかりと準備することができる。

　私はマイクロソフトの特定の商品を担当しているわけではないし、企業向け、一般向け、学生向けなど、さまざまな人に向けて、さまざまな場所でプレゼンを行うから、プレゼンの内容も準備も毎回ちがう。そのため、アウトプットを詰め込みすぎると、十分な準備ができず、プレゼンの質が落ちてしまう。だからバランスを考えて、余裕を持ってスケジュールを組むことが何よりも大切だ。

　最近はオンラインが増えて、移動の時間がなくなり、より多くのプレゼンを受けられるようになった。そのぶん、よく考えて計画を立てないと、スケジュールが詰まりすぎてしまうから、気をつけなければいけない。

仕事の優先順位

エバンジェリストとしての仕事が評価されると、自分で企画したり、売り込んだりしなくても、仕事の依頼がどんどん来るようになる。ありがたいことに、今の私は毎日たくさんのご依頼をいただき、体がひとつしかないから、すべてをお受けすることができないのが現状だ。

仕事が重なったとき、何を大切にして優先させるべきか？　私の絶対的ルールは、「ファーストイン・ファーストブロック」だ。依頼をいただいた順にスケジュールを入れる、いわゆる「早い者勝ち」である。どんなに大きなイベントでも、大人数のセミナーでも、お世話になっている取引先でも、マイクロソフトの社長からの依頼でも、どんなにギャラが高くても関係ない。スケジュールがあいていたら可能な限り受けるし、埋まっていたらお断りする。スケジュール以外の理由で仕事を断ることがないのだから、とてもシンプルでわかりやすい。これは、プレゼンに限らず、すべての仕事やプライベートでも同じである。

先に約束した人との予定を優先させるのは、人として当然のマナーだと思う。私が「ファーストイン・ファーストブロック」を徹底するのは、一見、価値が低いように見える小規模イベントにも、大きな意味を持つ場合があることに気づいたからだ。たとえば、少人数のプレゼンでも、それがきっかけで何度もリピートオーダーしてくれたり、人を紹介してくれたり、より大きなイベントに発展することもよくある。

逆に、大規模のイベントでも、レスポンスや手応えがないことはある。たくさんのイベントやセミナーを経験すればするほど、イベントの大小やブランド感では価値ははかれないということを実感した。また、小さなイベントの予定を入れていた日に、後から大きなイベントが入ったからといって、小さなイベントをキャンセルしていたら、キリがないし、キャンセルした相手に多大な迷惑がかかる。小さくても、自分のために準備して、楽しみにしてくれていたわけで、それをキャンセルするのは、あまりにも無責任だ。そんなことを繰り返していたら、あっという間に信頼を失ってしまうだろう。

これだけ長い間、たくさんのプレゼンをこなしてきた私にも、概要を聞いただけでは、そのイベントの価値を判断することはできない。だから、主観ではなく、「ファーストイン・ファーストブロック」が最善のルールなのだ。

お金をもらって、
プロとしてしっかりやる

　エバンジェリストとして仕事をするなら、プロとしての自覚とプライドを持って取り組むべきだ。だから私は、あるときからノーギャラの仕事は受けないことにした。こういう仕事をしていると、いまだに年に何回か、タダか、ほとんどタダみたいな値段でプレゼンしてほしいと言ってくる人がいるのだが、さすがにそれはお断りする。

　プロとしてやっている以上は、対価を受け取るべきだし、お金をもらうからには、プロとしてベストを尽くすのが礼儀だ。その方が、仕事の質は上がるし、自分自身も成長できる。ついでに言うと、「お友達価格」のプレゼンもやらない。「友達だから安くしてくれ」と頼んでくる人は、本当の友達ではないと私は思う。友達なら、友達だからこそ、正当な報酬を支払い、仕事として依頼するべきである。

　いつも過分な待遇をしてくれる相手に、こちらから、「安くしましょうか?」と申し出ることはあっても、相手の方から「安くして」と値切るのは、ちがうのではないかと思う。だから私は、自分が人に何かを頼むときも、「お友達価格」で安くお願いすることはない。

　では、私はギャラがいくらなら引き受けるのか?　具体的な金額はもちろん言えないが(自分のギャラを公にするのはマナー違反だ)、講演料や講師料は基準があってないようなものである。びっくりするほど高いギャラを提示されることもあれば、その逆もある。

　ギャラは自分の能力と価値を考え、自分で決めるものだ。私自身は、この金額以上なら引き受けるという基準を自分の中で決めていて、その範囲内ならどんな仕事でも受ける。ギャラが高いか、安いかでは仕事を選ばない。

　もちろん、自分が思っていた以上のギャラを提示されると、素直にうれしい。それは、その会社やその人がつけてくれた、私への評価だからだ。高すぎると思ったら、ありがたくいただき、それに見合う仕事をする。でも安いからといって、落胆もしないし、手抜きもしない。評価はこれから上げていけばいいものだし、会社や組織に予算があるのは当たり前だ。金額にかかわらず、引き受けた以上は、全力でやるのがプロである。

　「いくらですか?」と聞かれた場合は、どんなふうに答えているかというと、

「ご予算はいくらですか?」や「どれくらいご用立てていますか?」と聞き返して、まず相手の予算を聞くようにしている。

　講演を依頼する方の頭の中には、もちろん最初から予算は決まっていて、ある程度の範囲内で収まれば依頼したいと思っている。ところが、見栄を張って高いギャラを提示し、相手の予算をはるかに越えてしまったら、相手は「この人に依頼するのは無理だ」と思って去っていく。安すぎたらその金額で決まってしまい、後から上げるのは難しい。相手の思う範囲内に着地する自信があるなら、具体的な金額を提示してもいいが、わからないなら、探り合いをするより、素直に相手の会社の予算を聞くのが得策である。

　イベントやセミナーは、誰がどんなふうに仕切るかで、やりやすさがまったくちがう。細かいところまで気を配り、相手の立場に立って考えられる人が仕切る現場は、すべてがスムーズで、気持ちよく登壇できるし、参加者も快適だ。

　しかしながら、そうでない現場は、段取りが悪く、グダグダで、ミスやトラブルが起きやすく、ストレスも多いし、疲れる。「このスタッフとは2度と一緒にやりたくない!」、「こりごりだ!」と思うこともたまにあるが、そんな相手でも、リピートオーダーをいただいたら引き受ける。

　グダグダな現場も、一度経験してしまえば、次はそういうものだと思って引き受ければ、イライラすることもない。聞いてくれる人たちを楽しませるために、どんな準備をしていけばいいかを考え、最善の備えをするだけだ。

どうやって仕事を増やしていったのか?

　よく「どうしたら西脇さんみたいに仕事がいっぱい来るようになりますか?」と聞かれるが、その答えはいたってシンプルだ。いただいた仕事に全力を尽くし、「また西脇さんにお願いしたい」と言われるように努力したからだ。
実際、リピートオーダーをもらえるようになって、推薦や紹介が増えて、仕事はどんどん増えていった。今はリピートや紹介の仕事が大多数を占めている。

　ここまで来るのは簡単な道のりではなかった。今まで紹介してきた、情報収集や勉強、研究などのインプットは欠かせないし、準備やリハーサルは完璧に行い、出会いを大切にして、もてる力をすべて使って、最善のプレゼンを行う。こういう日々の努力の積み重ねがエバンジェリストとしての価値を高めたのだろう。

SNSの使い方

エバンジェリストにとって、人と出会い、コミュニケーションを取ることは仕事の一部である。顧客訪問すれば名刺交換をするし、対面のイベントやセミナーでは受講生と名刺交換をする。名刺交換だけで終わる人もいれば、その後仲よくなる人や、仕事を紹介してくれる人、SNSでつながる人、協力者（ファン）になってくれる人もいる。知り合いと言っても、その関係性はさまざまだ。

昔は、関係をつくるために、一緒に飲みに行ったり、ランチをしたり、お茶を飲んだり、とにかく会うのがコミュニケーションの基本だった。でも今はSNSのおかげで、気軽に人とつながり、情報を発信することができる。適度な距離感を保ちながら付き合うことも、深く付き合うこともできる。

そういう時代だからこそ、人とどう付き合うべきか、SNSをどう使いこなせばいいか、悩む人も多いだろう。

SNSの使い方には、人それぞれのポリシーがある。たとえば、仕事とプライベートを切り離すために、職業や勤務先を隠して、完全プライベートでSNSをやる人もいれば、仕事と割り切って使っている人もいるし、アカウントを使い分けている人もいる。どう使うかは個人の自由だが、エバンジェリストとして、人に何かを伝え、広めたいなら、SNSは上手く活用した方がいい。

しかしながら、SNSには終わりがない。ヒマつぶしなら好きなだけ時間を使えばいいが、日々の努力とインプットが大事なエバンジェリストにとって、そんなヒマはないはずだ。SNSにとらわれて、本業にかける時間がなくなるのは本末転倒だし、SNS疲れやストレスを感じるような使い方をしていたら続かない。

今の時代、SNSを一切やらないという選択肢は私の中にはない。従って、どう使うか、どう活かすか、自分なりのポリシーを持って向き合う必要がある。

私は1年で何万人もの人に会う。すべての人と深く付き合っていたら、時間がいくらあっても足りない。SNSは私にとって、たくさんの人とつながり、適度な距離感で情報を共有するための便利なツールだ。

SNSのアカウントは、仕事もプライベートもとくに分けていない。公私が

混同してくるのがエバンジェリストの特徴である。人に見られて困るような投稿やコメントは絶対にしないし、裏アカもつくらない。自分の言葉に責任を持ち、裏表もウソもない、すべてが公の公開アカウントを運用するのが私のポリシーだ。

▶SNSの使い分けと仕事につながる使い方

私が使っているSNSは、Facebook（Messengerも含む）、Twitter、Instagram、LINE、LinkedIn（リンクトイン）だ。それ以外には、メール、ショートメール、電話という連絡手段もあるが、電話はほとんど使わない。電話は相手の都合を考えず、相手の時間を奪うツールだから、今どきは誰からもかかってこないし、かかってきても出ない。

最近はメールを使う機会もかなり減っている。理由は、メールは既読がつかないから、相手が読んだか読んでいないか、わからないからだ。簡単でいいとはいえ、挨拶文から入るのは面倒だし、LINEやFacebookのようなスピード感はメールにはない。しかもときどき勝手に迷惑メールフォルダーに入ってしまう。アドレスを1字まちがえるだけで届かないし、相手のサーバーの調子が悪いと届かない。

名刺交換をした人からのファースト・コンタクトとして、メールが届くことがあるが、ある程度仲よくなって、会話の速度を上げたいときには、LINEやFacebookのメッセージ機能に移行することが多い。

SNSにはそれぞれに特徴や得意分野があり、利用者層もさまざまだ。はやりすたりも激しい。従って、自分が伝えたい層の人たちが、より多く集まるSNSを選び、効果的に使うということが最も大切だ。それぞれの特徴と使い方についてまとめてみよう。

▶Facebook

Facebookは社内外の仕事関係の人や友人、知り合いと気軽につながるためのツールだ。セミナーの受講生、私のプレゼンを一度見ただけの人もいる。広く薄い付き合いの人が多いが、なかには「あのプレゼンをもう一度やってもらえませんか?」と仕事を依頼してくれる人もいるし、人を紹介してくれたり、宣伝してくれたり、私の協力者になり得る人たちだ。

8 エバンジェリスト・西脇資哲の仕事、すべて見せます!

　もちろん、いいことばかりではない。受講生から細かい質問がきたり、仲よくしてくださいというだけのメッセージがきたり、主催者を通さずにあのセミナーの資料をなくしたからもう一度送ってほしいと言われたり…。少し面倒なメッセージもあるが、できるだけ、可能な限り対応するようにはしている。

　Facebookへの投稿は、「エバンジェリスト西脇」がどういう人間か、どんな活動をしているのか、実績や人となりが垣間見えるような投稿を心がけている。セミナーやイベントの告知は、どんなところで、どんなプレゼンをしたのか、写真を添えて具体的に投稿する。すると、参加した人たちが「いいね!」をしてくれて、コメントやシェアをして、より多くの人に拡散してくれる。仕事の告知ばかりでは、単なる宣伝ツールになってしまうから、親しい人に向けて、旅行や食についての投稿をすることもある。それも含めて、「エバンジェリスト西脇」の日常を見てほしいからだ。

🔖Twitter

　TwitterはFacebookよりも自由に、人間味のある投稿をするメディアだ。どうでもいいこと、つまらないこともつぶやく。Facebookが外面だとしたら、Twitterはもう少しカジュアルな外面だ。

　本音をポロリと書くこともあるが、そうは言っても、フォロワーが8万人もいて、誰が見ているかわからないのだから、人の悪口や社会の批判はしない。憂さ晴らしのためのツールではないのだから、人に迷惑をかけない、人を不快にしない範囲で、自由につぶやくというのがマイルールだ。

　もちろん、ときには告知や仕事のことも書くし、まじめな話もする。フォロワーを増やし、より多くの人に自分の活動を伝えるという目的はFacebookと同じだ。

🔖Instagram

　Instagramは写真や動画の共有に特化したSNSだ。若い人を中心に、今はInstagramで何でも検索する時代だから、アカウントはマストである。私の場合は、キレイな景色やおいしい料理、ネコ、御朱印など、いわゆる"ばえる"写真が撮れたとき、写真で何かを表現したいときに投稿する。イベントやセミナーの告知をすることもあるが、写真だけで表現し、文字は投稿しないことが多い。

❖LINE

LINEは親しい人との短いメッセージのやりとりや、グループトークに使うのがほとんどで、投稿はしない。それ以外では、LINEニュースを見るくらいだ。ユーザー数が圧倒的に多く、相手がLINEでのやりとりを希望することが多いから、アカウントは持っておくべきだろう。

❖LinkedIn

Facebookと似ているが、ビジネスや職業上のつながりにしぼったSNSがLinkedInだ。誕生日や結婚、子供が生まれた、誰と飲みに行ったなど、個人的なことを投稿する人がいないぶん、ビジネスに関する情報を探しやすい。使い方はFacebookとほぼ同じである。

❖その他の情報発信ツール

これらは、自分が承認やフォローをした相手とつながり、つながった人の投稿を見る、メッセージをやりとりするのが目的のSNSだ。それに対して、誰でも見ることができる、不特定多数の人に伝えるツールもたくさんある。YouTubeやnote（ノート）、ニコニコ生放送、ブログなどである。

CHAPTER 7でも触れたが、私はYouTubeで定期的に動画配信している。これは、ITエバンジェリストとして、ビジネスチャネルを1つ増やすことが目的だ。シナリオを書き、撮影・編集し、配信するという一連の作業は、とにかく大変である。おかげさまで、収益を得るところまでファンを増やすことができたが、ここまで来るのに、ものすごい時間と労力を使った。これから維持していくのも簡単ではないだろう。

YouTuberを本気で目指すなら止めないが、エバンジェリストとして、新しい窓口を1つ増やすつもりでYouTubeをやるなら、最初からお金になると思わない方がいい。宣伝のつもりで、無理のない範囲でコンテンツをつくるところからはじめるのがおすすめだ。

CHAPTER 4の情報収集の話の中で、ツールを1つにしぼらず、多方面からいろいろな角度で情報を仕入れると書いたが、これはSNSにも言えることだ。どれか1つに力を入れるのではなく、状況に応じて組み合わせ、バランスよく使うことが大切だ。私のやり方が正しいのかはわからないが、SNSはポリシーを持って、負担のない範囲で、上手く活用するものだ。

8

エバンジェリスト・西脇資哲の仕事、すべて見せます！

悪意あるコメント、誹謗中傷を受けたときの対処法

　私は基本的には、SNSで他人の投稿を見ない。だから一生懸命「いいね!」を押してまわることはしないし、他人の投稿にコメントすることもない。人に興味がないというわけではないが、友達やフォロワーが多すぎて、キリがないからだ。

　私の投稿にコメントしてくれる人がいたら、可能な限りコメントは返す。でも中には、返答に困るようなことや、批判的なこと、どうでもいい、つまらないことを書く人がいる。それにいちいち対応するのは時間のムダだから、基本は放置する。そうすると、相手が勝手に削除することも多い。要は、細かいことをいちいち気にせず、重く受け止めない、というのが私のスタンスだ。

　これは私の持論だが、本当に伝える内容がよければ、良い評価は自然と増えていく。そして、それが悪い評価を飲み込み、打ち消してくれるものだ。たとえば、1000件の良いコメントの中に、1件や2件の悪いコメントがあったって、誰も気にしないし、誰も真に受けない。

　だから私は、いちいち言い返したりしないし、人を傷つけたりもしない。自分が正しいと思うことを、ブレずに、まじめに、一生懸命に伝え続けることが最大の防御である。努力している姿は、誰かが必ず見てくれている。

　私はSNSに限らず、ネット上にある自分の記事をあえて見る。いわゆる「エゴサーチ」というものだ。ポジティブなコメントも、ネガティブなコメントも、可能な限りすべて見る。ポジティブなコメントは単純にうれしいが、そういうものしか見ないようにしていると、自己満足で視野が狭くなりがちだ。ところが、ネガティブなコメントにも目を通すと、参考になること、改善できることがたくさんあり、それで世界が広がることもある。前向きにとらえられるなら、ネガティブなコメントもある程度見た方がいいと思う。

　とはいえ、すべての人が私のようにポジティブに考えられるわけではないのはよくわかる。見るのがつらいなら、わざわざ見に行く必要はないし、目に入らないようにすればいい。たとえば、ネットの掲示板なら、そのページを見な

いようにする。SNSなら、友達から外す、ミュートにする、フォローをやめる、ブロックする。コメントの書き込みができないようにすることもできる。

あまりにも悪質な場合は、管理会社に報告する、警察に相談するという方法もある。ネットの誹謗中傷は今社会問題になっている。法整備され、より対処しやすくなっていくだろう。

ネットの嫌がらせや誹謗中傷は、嫉妬や逆恨み、ストレス解消、かまってほしい、ヒマつぶしであることがほとんどだ。そして匿名での書き込みは、今は調べれば必ず誰かわかる。私なら、そんな卑劣なヤツのために落ち込んだり、自分の歩みを止めたりするなんて、バカバカしいと思う。

8
エバンジェリスト・西脇資哲の仕事、すべて見せます！

飲み会で人脈は広がるのか?

エバンジェリストにとって、人脈を広げ、新しい価値観を得ることは大切である。でもそれが、飲み会に積極的に参加することだとは思わない。私はもともとお酒が大好きで、お酒の席で仲よくなることは理解できる。しかしながら、ダラダラ飲み、酔っ払って記憶がないのは時間のムダだし、コミュニケーションの手段としてはどうかと思う。お酒がなくてもコミュニケーションは取れるはずだ。

飲み会がすべて悪いと言っているわけではなく、有益な飲み会もあれば、時間のムダでしかない飲み会もある。だから自分の中でルールを決めて参加している。

たとえば、会社の飲み会には行かない。同じ会社の人、同年代の人、同じ職種の人と話しても、新たに得るものはないし、同僚の愚痴を聞くのは時間のムダだ。歓送迎会や忘年会、打ち上げも行かない。同じ理由で、同業者との懇親会や、仲間内での飲み会、昔の仲間との飲み会も行かない。

人は歳をとると、同じような価値観、同じような環境で、居心地がいい人と一緒にいようとする傾向にあるが、それでは自分の世界は広がらない。人脈を広げたいなら、社外のちがう分野の人と出会える場に行くべきである。

よく講演の後に、主催者から食事に誘われることがあるが、基本的には行かない。講演後の懇親会(講師、関係者、参加者との交流の場)は、講演とセットで依頼されることも多く、そういう場合は、20分だけ参加して退席する。講演そのものに価値があるわけで、懇親会の途中で講師が退席するのは、失礼ではない。

私が飲み会に参加するのは、新しい人に会えるときだ。個別の少人数の飲み会は避け、自分とはちがう職種の、知らない人がたくさん集まる飲み会に行く。たとえば異業種交流会や、地方のイベントで行われる懇親会などである。これで人脈が広がり、新しい視野が刺激になる。

ランチミーティングは参加する。お酒を飲まなくてもいいし、時間が決まっていて、ダラダラしないから有意義だ。もし夜の飲み会に誘われたら、「ランチはいかがですか?」と言って切り抜けるのがおすすめだ。

健康管理は仕事のうち

　講演やプレゼン、デモなど私の仕事は絶対に代わりはきかない。だから引き受けた仕事は、何があっても絶対に行く。そういう意味で、健康管理も仕事のうちだ。

　組織に属していたら、人に代わってもらえることもあるだろう。でも、エバンジェリストとして活躍したいなら、代わりのきかない、唯一無二の存在にならなければいけないと思う。少なくとも私は、「西脇さんのセミナーが見たい」、「西脇さんにぜひプレゼンをしてもらいたい」と指名され、主催者や参加者に楽しみにしてもらっているのだから、誰かに代わってもらおうなんて、考えたこともない。もちろん今まで、引き受けた仕事を病欠したことは一度もない。

　引き受けた仕事に対する責任感があれば、健康管理は自然とできるものだ。私は日頃から、風邪をひかないように、インフルエンザや新型コロナに感染しないように、うがいや手洗いを徹底し、感染リスクのある場所は避けるなど、できる限りの対策をしている。

　飲み過ぎで二日酔いになることも絶対にない。これは飲み会に行かないこととも関係してくるのだが、二日酔いは自己管理の問題で、気をつければ防げる。よく二日酔いで調子悪そうにしている人を見るが、「私は自己管理ができない人間です」と言っているようなものだ。二日酔いに同情の余地はない。

　体調管理の中でも、とくに気をつけているのが、のどと指先のケアだ。エバンジェリストは声が命である。風邪をひいて声が出ないとか、ガラガラの声や鼻声、くしゃみやせきをするなど、聞き苦しいプレゼンは、それだけでマイナスになる。のどのコンディションを常に最良の状態に保つために、しょっちゅううがいをして、自宅でも、出張先のホテルでも加湿器を必ずつける。おかしいと思ったらのど飴をなめる。「歌手なの?」と言われるぐらい、のどを大事にしている。

　のどの次に大事なのが指先だ。デモをする指先が大きくスクリーンに映し出されることもあるし、オンラインで指先をアップで見せることもある。そのときに、指先や爪が汚かったら不快感を与えるだろう。カサカサしていたらタブレットも反応しない。だからハンドクリームをぬって保湿し、爪をキレイにととのえるなどのケアは欠かさない。

整理整頓にこだわる

　資料整理や情報管理についてはCHAPTER 4でも書いたが、私はとにかく、整理整頓にこだわっている。潔癖症や完璧主義と言ってもいいだろう。エバンジェリストとして、膨大な量の情報をインプットして、効率よくアウトプットするためには、整理整頓が欠かせない。

　写真や資料はすべて日付順に並べ、日付からでも、キーワードからでも検索できるように整理している。プレゼン資料や企画書などのファイルはすべて、ファイル名の頭に日付を入れ、案件ごとにフォルダに分けて整理している。机の上はいつもキレイに片付け、引き出しの中を整頓し、掃除もマメにする。整理整頓されていないと落ち着かない性格だ。

　「そこまでする必要があるの?」、「おおざっぱでも、仕事さえちゃんとしていれば構わない」と言う人もいるが、少なくとも私は、こうやっていつもきちんと整理整頓しているから、仕事が楽に、スムーズに、スピーディーにできると実感している。

　そしてこの"きちんと感"は、プレゼン資料やメール、SNSの作法にもあらわれる。細かいところまで配慮ができることは、相手への気遣いができる証拠である。仕事に対する熱意や信頼感にもつながり、それが、私が人に信頼される理由のひとつでもあると思う。

　また、私が人に仕事を頼んだり、指名したりするときは、細かいことまできちんとできる人を選ぶ。細やかさは、仕事のスキルに関係ないかもしれないが、そういうことがきちんとできない人に、私が求めるレベルの完璧な仕事はできないと思うからだ。

　これは私の持論だが、私のまわりにいる、私が尊敬する人たちはみんな、整理整頓や気遣いが上手い。不得意な人でも、それをサポートする優秀な秘書やアシスタントがいれば問題ない。「あの人はきちんとしている」、「信頼できる」という印象を相手に与えることが大切だ。

エバンジェリスト・西脇資哲の1日

　私は昔からけっこう早起きで、朝5時には目が覚める。今はテレワークだから出社しないが、出社していた頃は、8時には会社に行き、メールチェックと返信をして、新聞やニュースをチェックし、9時にはすべてを終わらせ、仕事がスタートできる状態にしていた。日中はアウトプットや打ち合わせなど、相手がいないとできない仕事の時間にあてるためだ。

　プレゼンや講演は午後や夕方が多い。私は飲みに行かないので、仕事が終わるのは早い。しかし、夜は海外の情報を収集する大事な時間なので、夕食後は深夜までインプットや準備をしていることがほとんどだ。寝るのは深夜12時から2時の間である。

　そしてまた朝5時に起きる。そう、私はショートスリーパーなのだ。3時間も寝たら十分だし、徹夜をしても平気である。寝ないのがえらいということではない。ショートスリーパーは体質の問題で、訓練や気合いでできることではない。だから、私のマネをする必要はない。

　私はマイクロソフトの仕事もするし、エバンジェリスト西脇として個人でも仕事をする。こういう仕事をしていると、オン・オフの境目があってないようなものだ。だからこそ、メリハリをつけて生活することを心がけている。メリハリというのは、全力で仕事をして、全力で遊ぶということだ。どっちも真剣に、めいっぱい楽しむことで、その経験は必ず自分にとってプラスになる。

　たとえば、外食するなら、ミシュランの星付きの高級店で、最高級の料理を食べる。希少な高級ワインを堪能する。旅行に行くなら、最高級の温泉旅館の部屋風呂付きスイートルームに泊まる。贅沢をするのがいいという意味ではない。自分が食べたいもの、行ってみたい場所、やってみたいことに挑戦して、おもいっきり、遠慮なく楽しむことが大切なのだ。

　普通の暮らしには誰も興味を持たないが、人がめったにできない貴重な体験は、人に求められる。体験は自分の肥やしになる。ネタになる。いつか価値が生まれ、お金になるときが来るかもしれない。だから私は、仕事も遊びも全力で楽しむことに決めている。

COLUMN　エバンジェリスト西脇資哲の仕事内容

◆ エバンジェリスト西脇・個人の仕事

- IT、ドローン、御朱印、ネコのエバンジェリスト
- プレゼン、デモ、講演、エバンジェリスト養成講座などでのセミナー講師
- iPS細胞研究所の山中伸弥所長はじめ、経営者、政治家、著名人への
  プレゼンテーションコンサル
- 小・中・高校でのプレゼンテーション授業
- テレビ・ラジオ出演、新聞・雑誌・ネット等メディア出演
- コラム・書籍の執筆　ほか

◆ 日本マイクロソフトの仕事

- 業務執行役員
- マイクロソフト全体の魅力を伝える日本で唯一の「テクニカルソリュー
  ションエバンジェリスト」
- マイクロソフト製品・サービスはもちろん、他社製品との組み合わせや
  ITの魅力を幅広く伝えることで、マイクロソフトの価値を高める
- 社長や経営陣の講演に同行し、プレゼンやデモを行う

8

エバンジェリスト・西脇資哲の仕事、すべて見せます！

TwitterやFacebook、Instagramなど、SNSが盛んになり、「伝える」という行為はより身近で、誰にでも、気軽にできるものになった。つまり、情報があふれる今、人並みの伝え方では、埋もれてしまう可能性が高い。

従って、伝えたいことがあるなら、より上手く、より魅力的に伝えるために、伝える技術を学ぶべきである。

「伝える力」はどんな業界でも、どんな職種においても必要なスキルだ。企業なら商品やサービスの魅力を社内外に伝える必要があるし、自治体ならその地域の産業や特産品、観光名所をPRする必要がある。政府なら政策や実績を市民に訴える必要がある。また、会社員なら社内で企画を通すために、上司にプレゼンする必要がある。

このように、「伝える」専門家であるエバンジェリストのニーズは、ここ数年でさらに、急速に、高まっている。エバンジェリストという仕事の将来性は、無限に広がっているのだ。

「伝える力」はプライベートでも必要だ。友達や恋人、家族に自分の想いを伝えたり、何かをお願いしたり、理解や協力を得るときにも役に立つ。伝えるのが下手で、誤解を生み、損をした経験は誰にでもあるだろう。

人生はプレゼンテーションの連続だ。
「伝える力」は人生を豊かにする。

だから「伝える力」は、ないよりは、あった方が絶対にいい。そしてそれは、職が変わっても、立場が変わっても、公私ともに、一生役に立つスキルである。

エバンジェリストはゴールではない

私は「エバンジェリスト」という肩書きで活動している。マイクロソフトの中でも、ひとつの役割（職種）として認められている、立派な職業だ。

しかしながら、エバンジェリストは私にとってのゴールではない。私にとって、「伝える力」は、ITの魅力を伝えるための手段であり、ファン（協力者）を増や

し、お金を集め、成し遂げたいことを叶えるために必要な武器である。

　そして今は、経営者や政治家、研究者、企業、学校などでプレゼンスキルを教えたり、エバンジェリスト養成講座で優秀な人材を育成したり、テレビやラジオ出演で伝えることの大切さを伝えるなど、「伝える力」を教えるという形でも、社会に貢献するようになった。要するに、エバンジェリストのエバンジェリスト活動も行っている。

　今の私の目標は、より多くの人にエバンジェリストの大切さを知ってもらうことと、誰もが「伝える力」を持つ世の中になることだ。

　「伝える力」があれば、コミュニケーションやプレゼンがもっと上手くいく。その結果、夢を叶え、ほしいものを手に入れ、幸せな人生をつかみとることができる。そのお手伝いすることも、私の使命である。

🔊 伝える力があって得をしたこと

　私は子供の頃から伝えることが好きで、得意だった。おかげで得をしたことがたくさんあったと思う。

　伝える力があるということは、コミュニケーション能力が高いということだ。学生時代は友達がたくさんいたし、今思えば、人に好かれ、人を動かし、協力してもらうのが得意だった。

　社会人になると、社内外の人にいい印象を与え、良好な関係を築くことができた。接客やプレゼンが得意になった。自分がやりたいと思った企画をたくさん通してきたし、相手を説得したり、動かしたり、信頼を得るのも得意な方だ。

　好きなことを仕事にして、仕事も人間関係もスムーズで、自分が進みたい方向に、着実にステップアップしていけたのは、伝える力があったからだろう。

　「伝える力」があれば異性にモテるかというと、それはまた別の話である（笑）。でも、少なくともないよりはあった方が、相手にふりむいてもらえる確立が高い。

　自分に興味のない相手でも、自分の魅力を伝え、想いを伝え、相手のことを考えて楽しませることができれば、興味を持ってもらえるかもしれない。チャンスをもらえるかもしれない。チャンスを活かせるかどうかは別として（笑）。「伝える力」がなければ、そのチャンスすら生まれないのだから、絶対にあっ

た方がいい。黙っていても異性にモテる美男美女以外は、恋愛においても「伝える力」は武器になる。

エバンジェリストとして活動するようになって、いちばんうれしかったことは、「ありがとう」や「西脇さんにお願いしてよかった」と言われることだ。「またぜひお願いします」とか、「今度、知人に紹介してもいいですか?」と言われるのもうれしい。

組織に属していながら、「マイクロソフトの西脇」ではなく、「西脇」個人の価値を評価してもらえるのは、大きなよろこびである。

また、総理大臣や政治家、ノーベル賞受賞者、世界的に有名なスポーツ選手、芸能人など、普段なかなか会えない人に会えるのもうれしい。ミーハーということではなく、その分野を極めた人や、優れた才能を持つ人に会うことは、とても刺激になる。まずその存在感に圧倒され、立ち居振る舞いや考え方など、すべてが勉強になり、視野が広がるからだ。

そして、ファンが増え、フォロワーが増え、セミナーに人が集まり、注目されることは、自信になる。今までやってきたことはまちがいじゃなかった、がんばってきてよかった、と自分のことを肯定できるし、もっと勉強しよう、もっといいプレゼンをしよう、と自分磨きのエンジンになる。

「伝える力」は私の人生を変えた。私にとって、何よりも大切な宝物だ。
だから私は、これからも「伝える力」を磨き続けるだろう。そしてそのスキルを活かしてIT、ドローン、御朱印、保護ネコ活動などを世の中に広め、さらに伝えることの大切さと魅力を、伝え続けるだろう。

「伝える力」で社会に貢献すること。それが私のライフワークである。

2020年12月　西脇資哲

INDEX

■著者紹介

西脇 資哲（にしわき もとあき）　日本マイクロソフト株式会社　業務執行役員／エバンジェリスト

1969年生まれ、岐阜県出身。プログラマー、システムエンジニアとしてOS／2の開発や、MS・DOS／Windowsでの業務アプリケーションソフト開発業務、ISPの立ち上げなどを経験。1996年に日本オラクルに入社し、プロダクトマーケティング業務とエバンジェリストを担当。2009年にマイクロソフト（現・日本マイクロソフト）へ移籍し、社長専用のエバンジェリストや、マイクロソフト製品すべてを扱うテクニカルソリューションエバンジェリストとして活躍。IT関連製品すべてに精通し、ITテクノロジーの魅力を伝えるとともに、「エバンジェリスト養成講座」で伝える技術の指導にも力を注ぐ。独自のプレゼンメソッドに全国から講演・セミナー依頼が殺到し、「年間250講演、累計5万人以上、200社以上が受講」の実績を持つカリスマプレゼンターとしても知られている。著書に『新エバンジェリスト養成講座』（翔泳社）、『エバンジェリストの仕事術』（日本実業出版社）、『プレゼンは「目線」で決まる』（ダイヤモンド社）ほか多数。

編集担当 ： 西方洋一 ／ カバーデザイン：秋田勘助（オフィス・エドモント）
編集協力 ： 中元千鶴

エバンジェリストの教科書

2021年1月7日　　　初版発行

著　　者	西脇資哲
発行者	池田武人
発行所	株式会社　シーアンドアール研究所
	新潟県新潟市北区西名目所4083-6（〒950-3122）
	電話　025-259-4293　FAX　025-258-2801
印刷所	株式会社　ルナテック

ISBN978-4-86354-326-3　C3055
©Nishiwaki Motoaki, 2021　　　　　　　　　　　Printed in Japan